RICHESSES

DES

TERRAINS PAUVRES

DANS LE CENTRE DE LA FRANCE

Imprimé par Charles Noblet, rue Soufflot, 18.

RICHESSE

DES

TERRAINS PAUVRES

DANS LE CENTRE DE LA FRANCE.

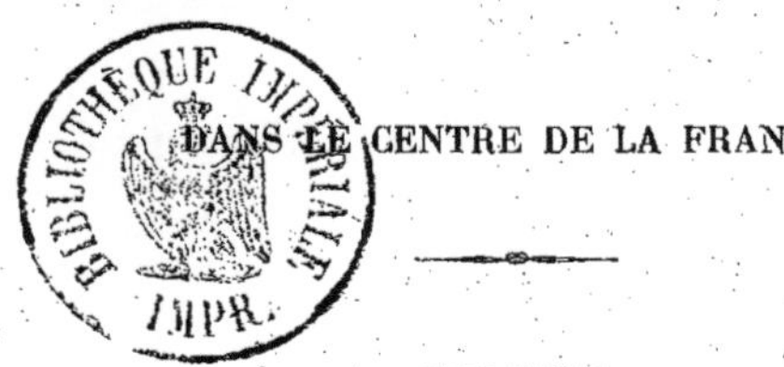

UN MOT

SUR L'ENQUÊTE AGRICOLE

PAR GABRIEL DUBREUIL

Ingénieur à Mauriac (Cantal)

PARIS

IMPRIMÉ PAR CHARLES NOBLET

18, RUE SOUFFLOT, 18

1867

INTRODUCTION.

I

A une époque où tout ce qui touche aux branches scientifiques de l'économie rurale en France inspire un intérêt sérieux, j'ai pensé qu'il pouvait être utile de faire connaître les résultats obtenus par quelques essais d'agriculture pratique auxquels je me suis livré sur des terrains communaux en bruyères, dans le Cantal.

Des terrains analogues occupent de vastes étendues dans le centre de la France et n'y présentent qu'un aspect désolé, par l'absence de toute végétation utile.

Ne serait-il pas avantageux de les faire rentrer dans le domaine de la production? Ce résultat ne serait-il pas d'apporter un élément de plus dans la fortune publique et dans le bien-être des populations?

Cette question traitée dans un cadre restreint, à un point de vue local, aura peut-être un intérêt particulier pour une région dont les principales sources du revenu sont encore presque inclusivement alimentées par les productions du sol. Je désire que le sentiment qui m'a conduit à écrire quelques pages sur ce sujet puisse contribuer à améliorer un jour le sort des populations si laborieuses, si sobres et si dignes d'intérêt, qui occupent le massif culminant du plateau central.

Un côté essentiellement propre au caractère de l'habitant des montagnes est de professer un culte profond pour les habitudes traditionnelles ; si l'on cherche à combattre ce sentiment, on se heurte tout d'abord et longtemps contre une résistance d'inertie souvent invincible.

Lorsqu'un pays n'est pas sillonné par des voies de communication faciles et rapides, amenant un courant commercial, entraînant la circulation des étrangers et des idées du progrès, ce culte se perpétue, et les inconvénients qu'il entraîne à sa suite épuisent souvent plusieurs générations.

A côté de cette résistance à toute innovation, se place dans l'esprit du montagnard une qualité essentielle : lorsqu'il a bien compris et reconnu la valeur d'une idée, il s'y attache avec une énergie, une persistance et une force de volonté qui deviennent autant de leviers puissants pour soulever toutes les difficultés dont son application peut être entourée.

Le savant évêque de La Rochelle, visitant l'été dernier les montagnes de l'Auvergne et voulant dépeindre la ténacité du caractère de ses habitants, imaginait une peinture, représentant un enfant du Cantal s'obstinant à percer un dur rocher de basalte, et son regard étincelant d'une vaillante ardeur, traduisant à son outil bien émoussé cette pensée fixe : tu entreras.

Cette peinture ne serait-elle pas l'image heureuse et vivante de cette énergique devise d'une ancienne famille de vaillants guerriers :

Duris dura frango.

Que le massif culminant du plateau central soit un jour traversé de l'est à l'ouest par une grande voie de communication, le mettant en relation facile avec l'ensemble de la France, lui apportant le mouvement qui lui manque et les idées de spéculation qui sont si essentiellement propres au caractère de l'Auvergnat, mais que ce dernier ne peut utiliser qu'à la condition d'émigrer, et l'on verra ce pays rapidement transformé par le réveil d'une masse considérable de force vive qui reste à l'état latent.

L'habitant de la Haute-Auvergne, comme celui du Haut-Limousin, aime ses montagnes, il ne les quitte qu'à regret et toujours sous l'influence de cette pensée fixe, que le sacrifice et les produits de son émigration lui permettront d'y revenir un jour, pour acheter un coin de terre, mais lorsqu'il possède cette partie du sol, si désirée, si chèrement acquise et souvent beaucoup plus étendue qu'il n'aurait osé l'espérer au départ, il ne peut plus l'améliorer, soit parce que l'âge ne lui en laisse plus les forces, soit parce qu'il a complétement perdu l'habitude des travaux des champs, et son terrain reste encore et toujours ce qu'il a toujours été. — De là résulte une des causes de l'état stationnaire de l'agriculture dans les hautes régions du centre, car il est à remarquer que bon nombre des propriétés qui s'y vendent sont acquises par des émigrants.

Ne doit-on pas de larges compensations aux descendants de ces vigoureux Arvernes, qui furent les derniers à lutter contre César et ses phalanges?

Un savant dont l'autorité est aussi grande que la mienne est faible, M. Léonce de Lavergne, dans son remarquable ouvrage *De l'économie rurale de la France*, dit, en parlant du centre :

« Le pouvoir central l'a toujours dédaigné et oublié. »

Plus loin il ajoute :

« Tant que l'épais massif du centre ne sera pas percé dans
« tous les sens par des voies ferrées, la communication entre
« l'est et l'ouest, le nord et le midi, restera imparfaite, le
« centre-lui-même restera isolé au milieu du territoire. C'est
« là que les chemins de fer sont appelés à faire la révolution
« la plus radicale, car ils n'ont pu ailleurs que se substituer
« à des voies de transport déjà fréquentées par le commerce,
« tandis qu'ils ouvriront dans le centre des rapports qui
« n'existaient pas. »

La vallée de la Dordogne occupe une profonde dépression
courant de l'est à l'ouest à travers le massif central, suivant
son plus grand axe et servant de limite entre les deux provinces les plus déshéritées, la Haute-Auvergne et le Haut-
Limousin.

N'est-ce pas une indication donnée par la nature pour
faire cesser l'isolement de ces deux provinces au milieu du
territoire?

Je suis heureux de pouvoir citer encore un autre passage
du livre de M. de Lavergne, sur cette vallée. Il dit :

« Puis vient la vallée de la Dordogne, fente profonde qui
« coupe la France de l'est à l'ouest, dans une longueur de
« plus de cent lieues. Quand on parcourt cette admirable
« vallée, on a peine à comprendre qu'elle ait si peu de répu-
« tation. Par une singulière fatalité, aucune grande voie de
« communication ne la remonte ; les routes ne font que la
« traverser, et, comme elle est fort encaissée, on ne la con-
« naît que par la difficulté de ses abords. Si jamais un che-
« min de fer s'ouvre le long de la Dordogne, ce sera une vé-
« ritable découverte, variété de sites, douceur de climat,
« richesse de végétation, cette Tempé française réunit tout. »

Après cette brillante description, qu'il me soit permis

d'ajouter que cette même vallée de la Dordogne est longée par une série de bassins houillers considérables, dont la richesse, pour certains au moins, ne peut plus être aujourd'hui l'objet d'un doute.

J'ai déjà rappelé, dans d'autres publications, que M. l'inspecteur général Brisson, dont le nom restera toujours une des gloires du grand et savant corps des ponts et chaussées, avait déjà, dès 1829, dans son essai sur le système général de la navigation, indiqué la vallée de la Dordogne comme étant destinée à recevoir un jour une voie ferrée.

Les habitants de l'épais massif du centre emploieraient-ils mal leur temps, en adressant à l'Empereur une supplique sollicitant avec instance son attention sur les prévisions de M. l'inspecteur général Brisson, et sur les pages 351, 396 et 405 du précieux livre de M. Léonce de Lavergne, sur l'économie rurale de la France depuis 1789?

L'ouverture de la ligne du Grand-Central à travers la chaîne du Lioran sera d'un bienfait immense pour les contrées méridionales du plateau central; mais ce tracé subit une altitude de 1,152 mètres sans résoudre la direction la plus courte de Lyon à Bordeaux, et encore et surtout sans donner la moindre satisfaction aux intérêts des régions formant le vaste quadrilatère que limitent à l'est le chemin de fer de Brioude à Gannat, au nord, ceux de Gannat à Montluçon et à Guéret, à l'ouest, celui de Limoges à Brives, enfin au sud, celui d'Aurillac à Arvant.

Ce quadrilatère, dont les côtés opposés laissent entre eux, d'après M. l'ingénieur en chef Barreau, de l'est à l'ouest, un intervalle de 120 kilomètres, et du nord au sud une distance de 160 kilomètres, n'est encore traversé par aucun chemin de fer, et n'est même encore l'objet d'aucune ligne décrétée.

II

BIENS COMMUNAUX.

Les communaux en France présentent encore de nos jours une question importante à résoudre : le sentiment de l'utilité de leur suppression remonte à des temps reculés et particulièrement à 1789 ; à cette dernière époque, le projet devait avorter, parce que les perturbations révolutionnaires ne sont pas favorables à l'agriculture ; c'est en temps de paix seulement qu'elle peut se développer et élargir les bases de son avenir ; mais l'idée a fait son chemin et tous les économistes sont presque d'accord aujourd'hui pour reconnaître que la mesure serait bonne.

L'existence des biens communaux ne s'est maintenue jusqu'à nos jours que sous les auspices d'un préjugé ; on prétend qu'ils sont le domaine du pauvre, c'est l'erreur la plus grande qu'on puisse imaginer ; pour la partager, il ne faut jamais avoir vu les choses de près et sous leur véritable aspect.

On sait que ces terrains sont en général livrés au parcours ou à la vaine pâture ; or, dans un village possédant des com-

munaux, il arrive souvent ceci : qu'il s'y trouve un habitant
aisé, pouvant à lui seul envoyer sur ces terrains autant et
quelquefois plus d'animaux que tous les autres habitants
réunis; les moins pauvres peuvent y conduire quelques brebis, les plus pauvres ne peuvent y faire pacager qu'une chè-
vre, et le plus pauvre encore ne peut y envoyer rien du tout.

Ainsi, on le voit, à mesure qu'on se rapproche le plus
des limites de la pauvreté, la participation au domaine commun se réduit de plus en plus, et lorsqu'on arrive au dernier
échelon de la misère, la jouissance devient complétement
nulle; tant il est vrai qu'une erreur depuis longtemps et
souvent répétée peut prendre parfois la valeur d'un axiome.

L'existence des communaux est presque sans effet utile,
mais elle est toujours une source constante de tracasseries
dans l'administration des communes; c'est d'abord la résistance qu'il faut opposer toujours et sans cesse à la tendance
de celui qui possède, à agrandir son champ, en rognant un
coin du domaine qu'on continuera, bien entendu, d'entourer du prestige d'être la part du pauvre.

Que l'on demande à tous les administrateurs qui ont occupé des départements possédant des communaux, si l'usurpation n'y est pas à l'état de maladie chronique.

C'est surtout lorsqu'il s'agit de puiser une ressource dans
ce domaine commun que les difficultés sont presque toujours insurmontables; lorsqu'une commune se trouve en
présence d'une dépense nécessaire, souvent urgente et à laquelle les ressources ordinaires de son budget ne peuvent
faire face, rien ne semblerait plus naturel que d'aliéner une
faible portion de ce domaine commun, puisque l'œuvre projetée est dans l'intérêt de tous; mais lorsqu'on veut arriver à
l'application de l'idée, c'est une tout autre affaire; dans la
plupart des pays possédant encore des communaux et par-

ticulièrement dans le Cantal, les communes sont encore divisées en sections et chaque section a ses communaux distincts.

Dès qu'il est question d'aliéner dans les sections une part de communaux, quelque faible qu'elle soit, pour faire face à la dépense, chaque section prétend qu'elle a un intérêt infiniment moins direct que toutes les autres sections à l'œuvre projetée, et elle trouve exorbitant que, pour un intérêt aussi minime que celui qu'elle peut y trouver, on lui demande le moindre sacrifice ; chaque section, bien entendu, fait exactement le même raisonnement, il en résulte un tollé général de plaintes et de récriminations devant lesquelles l'administration municipale hésite d'abord, puis s'arrête, et comme résultat définitif, si la commune a besoin de chemins, elle reste dans les ornières ; s'il manque une école communale, on continue de s'en passer ; si l'église tombe en ruines, on ne peut y remédier ; et ainsi de même pour les nombreux besoins qu'éprouvent en général les communes en pays de montagnes où il reste tant à faire sous tous les rapports, et surtout en ce qui touche à la viabilité.

Comme conclusion, le prestige de l'autorité municipale disparaît, son autorité et sa popularité sont compromises, parce que chacun ne manque de l'accuser de ne pas avoir fait ce que chacun l'a mis dans l'impossibilité absolue de faire.

L'administration départementale a cherché, depuis quelques années, à faire trouver aux communes un revenu dans leurs communaux, en faisant mettre ces derniers en culture ; mais le moyen ne me semble pas réunir les conditions pratiques qui peuvent faire atteindre un but utile.

Ce moyen consiste à diviser les communaux en autant de parts égales qu'il y a de feux dans les sections et à amodier pour neuf ou dix-huit ans une de ces parts à chaque propriétaire d'un feu.

D'abord, le revenu pour les communes restera une faible ressource, puisque le prix de l'amodiation ne représente, dans certains cas, que 2 francs par hectare; et puis, quelle garantie aura-t-on pour pouvoir faire payer ce prix d'amodiation à celui qui, à défaut de toutes ressources, n'aura pas cultivé son lot ?

Mais c'est surtout au point de vue de l'idée de faire rentrer ces terrains dans le domaine de la production, que l'amodiation ne réalisera jamais les conditions d'un moyen pratique; c'est cependant le but principal auquel on doit viser.

Ce qui attache surtout et par-dessus tout le paysan au sol, c'est la possession définitive ; sans elle il ne donnera jamais à la propriété, les soins, les sacrifices et le travail qu'elle exige pour obtenir de bons résultats ; il faut qu'il sache bien que c'est la chose à lui, que toute amélioration qu'il apportera tournera exclusivement à son profit et qu'il la léguera à ses enfants : tant que cette possession ne sera que temporaire, il ne s'attachera à demander au sol que ce qu'il peut en obtenir sans lui faire de sacrifices pour lui apporter des améliorations; il ne plantera pas un arbre, il ne fera pas de clôtures ou il en fera qui ne seront pas défensives; si ses terres sont loin de son habitation, il n'y fera pas la moindre construction pour l'abriter ou abriter ses animaux; en un mot, il cultivera comme on cultiverait dans un pays conquis, où l'on saurait qu'on ne doit pas rester.

L'amodiation prescrit un terme; à cette échéance qu'arrivera-t-il? Ou que les choses seront ramenées au point de départ, en faisant rentrer les communaux dans le régime de la communauté, ou que les amodiations seront renouvelées pour une seconde période.

La première hypothèse serait la condamnation de la mesure, parce qu'elle serait la preuve qu'elle était mauvaise.

La seconde hypothèse entraînerait à sa suite des embarras et des difficultés dont il est difficile de se faire une idée exacte, lorsqu'on ne connaît pas l'esprit des montagnes.

A l'expiration de la première période de neuf ou dix-huit ans, il faudra, pour arriver à de nouvelles amodiations, procéder à une nouvelle division des communaux : 1° parce que la loi l'exige ; 2° parce que le nombre des feux dans la section aura été probablement augmenté ou diminué ; une fois encore la division faite, il faudra passer par un nouveau tirage au sort, pour attribuer à chacun le lot dont il doit jouir.

Ce nouveau tirage amènera forcément ceci, c'est que si, par exception, un sectionnaire a bien travaillé son lot et l'a mis en bon rapport, pendant la première période de neuf ou dix-huit ans, il aura toutes les chances possibles pour voir son lot passer entre les mains de son voisin qui n'aura absolument rien fait sur le sien, et en compensation de son terrain bien travaillé, le sort lui désignera un second lot sur lequel il n'aura qu'à recommencer comme sur le premier.

Cette perspective seule sera toujours suffisante pour que la mise en culture des terrains communaux ne devienne jamais sérieuse par la méthode des amodiations.

Et lorsque viendra le moment de la mutation des lots, ce ne sera pas trop de la force armée pour la faire opérer, parce qu'il sera impossible de faire comprendre par le raisonnement, à ceux qui auront bien travaillé pendant neuf ou dix-huit ans, qu'ils doivent laisser bénéficier de leur labeur ceux qui n'auront rien fait.

Il faut encore ajouter que chaque renouvellement entraînera les habitants des communes dans les mêmes dépenses que la première amodiation : dépenses considérables par rapport aux résultats qu'on peut en espérer.

Pour tout esprit pratique, il est incontestable que les amodiations ne peuvent préparer pour l'avenir que des difficultés dans les communes et des embarras pour les administrations départementales ; or, difficultés et embarras existent déjà, toutes les fois qu'il s'agit simplement de revenir sur les nombreuses usurpations dont les communaux ont été l'objet.

L'usurpation est un chancre qui creuse lentement et sans cesse sa plaie par des infiniment petits ; on sait ce que deviennent ces derniers avec le temps : ne serait-il pas équitable d'y mettre un terme, puisque ce prétendu domaine du pauvre s'amoindrit de jour en jour, au profit de celui qui possède déjà ?

N'y aurait-il pas un moyen qui permettrait que chacun devînt régulièrement et définitivement propriétaire d'une part égale du domaine commun ?

En entrant dans cette voie, les communes agiraient-elles autrement qu'un père de famille qui veut que chacun de ses enfants puisse faire fructifier son lot ?

Là est, je crois, la question capitale, et c'est celle sur laquelle je me permettrai d'exposer quelques considérations, en faisant appel à de plus habiles pour la présenter sous un aspect qui rende plus facile la solution du problème des communaux ; il s'y trouve peut-être une question de législation pour laquelle je me déclare complétement incompétent.

Ne pourrait-on pas, au lieu d'amodier une part égale des communaux à chaque propriétaire d'un feu, lui en consentir la vente à un prix faisant la part du droit de jouissance que chacun possède déjà ?

Il n'est pas un sectionnaire qui n'acceptât avec empressement une proposition de cette nature.

De ce droit de jouissance il me paraîtrait équitable de tenir compte dans la fixation du prix de vente.

Devrait-on attacher une grande importance au chiffre de ce prix? Je ne le pense pas.

Ne devrait-on pas surtout considérer la mesure, au point de vue de l'avantage d'augmenter la fortune publique et le bien-être des populations, en faisant entrer dans le domaine utile des terrains ne produisant rien?

N'en résulterait-il pas un élément de travail de plus? Pour tout esprit pratique, n'est-il pas incontestable que la meilleure et la plus sûre ressource du pauvre, est l'élément du travail répandu sur le plus grand nombre de points possible du territoire?

On peut objecter que le pauvre ne pourra pas acheter; je crois que l'objection n'est pas sérieuse, si on veut lui faciliter les moyens.

La vente ne pourrait-elle pas prescrire des conditions de paiements à longs termes et l'obligation de servir à la commune un intérêt de quatre pour cent du prix de la vente?

Ne pourrait-on même pas aller jusqu'à consentir à ce que ceux qui seraient dans l'impossibilité de payer le capital resteraient tributaires, envers la commune, d'une rente perpétuelle à quatre pour cent du prix de la vente, avec faculté de se libérer quand ils le voudraient? La propriété resterait toujours là comme garantie, et les communes trouveraient une ressource sérieuse dans le produit des ventes.

Qu'arriverait-il au bout de quelques années? C'est facile à prévoir. C'est que ces terrains, se trouvant placés dans les conditions ordinaires de mutation, et n'étant plus grevés d'un droit de jouissance, prendraient bien vite une valeur supérieure au premier prix d'achat, que celui qui posséderait quatre hectares et qui se verrait dans l'impossibilité de racheter jamais la rente qu'il aurait à servir, vendrait deux hectares à un prix qui lui permettrait de se libérer complétement envers la commune et qui lui laisserait encore quelques avances pour cultiver les deux hectares qu'il conserverait.

La solution du problème de la mise en culture des communaux ne serait plus alors qu'une question de temps.

On peut objecter encore que certaines communes ne sauront pas utilement employer le produit de la vente, et que le présent gaspillera, au détriment de l'avenir, une ressource importante ; mais, à cette objection il est facile de répondre que les communes ne pourront aliéner les communaux qu'avec l'autorisation du préfet du département, et que le préfet est maître de n'autoriser ces ventes qu'aux conditions qu'il jugera utiles et prudentes.

Le jour où, à défaut de la justification de besoins urgents, un préfet n'autoriserait une commune à aliéner ses communaux qu'à la condition que tout ou partie du prix de la vente serait transformée en rentes inaliénables sur l'État, verrait-on encore un danger de gaspillage ?

Le champ des objections est inépuisable, lorsqu'on veut entreprendre de défendre une erreur consacrée par le temps et protégée par les préjugés ; on objectera sans doute encore que si, pour le présent, la vente des communaux fait la part des pauvres, elle aura pour effet de déshériter les pauvres à venir ; à cela on peut répondre que, plus on multipliera le travail par la culture dans les campagnes, plus le nombre des nécessiteux y diminuera, parce qu'il en résultera une augmentation dans la production et que le bien-être, comme le progrès des populations, est en raison directe des progrès des subsistances.

Quoi qu'on fasse, il y aura toujours des pauvres, d'abord,

ceux qui par leur inconduite et leur imprévoyance sont fatalement destinés à le devenir, s'ils ne le sont déjà, et ceux qui par leur âge et leurs infirmités sont malheureusement condamnés à l'être, qu'il existe ou qu'il n'existe pas de communaux.

Pour tous, et pour les derniers surtout, n'y aurait-il pas un moyen de faire la part de l'avenir ? Je voudrais qu'elle fût large, je voudrais que l'aliénation des communaux ne fût autorisée qu'à la condition qu'une quotité du prix de la vente, un tiers ou un quart, par exemple, serait affectée en rentes inaliénables sur l'Etat, et dont le revenu serait attribué, à titre de dotation, à l'hospice, lorsque la commune en posséderait un ; à défaut, au bureau de bienfaisance. De cette manière, une part au moins des ressources du domaine prétendu des pauvres recevrait, pour la première fois, la véritable destination qu'indique son nom.

Si l'on ne peut pas espérer la suppression du paupérisme, ne doit-on pas chercher à le réduire dans les limites les plus restreintes possible et à l'entourer des moyens de secours les plus efficaces ?

Chercher un moyen de supprimer les communaux, autre que celui qui consisterait en l'aliénation directe à ceux qui déjà y ont un droit de jouissance, quelque fictif qu'il soit, me semblerait d'une réalisation impossible ; ce serait apporter dans les campagnes une perturbation fâcheuse, rendre les administrations municipales impossibles, faire naître des haines profondes, et qui dureraient longtemps, contre les propriétaires ; ce serait encore créer, pour plusieurs années, une source de délits et quelquefois même de crimes. Autant l'aliénation directe serait acceptée comme un bienfait par les sectionnaires et les communes, autant tout autre moyen entraînerait des conséquences fâcheuses que tout esprit prudent ne voudrait affronter.

Ce ne sont pas quelques pages qu'on pourrait écrire sur les inconvénients de l'existence des communaux et les avantages qu'on pourrait en retirer s'ils devenaient propriétés privées, ce serait un livre entier.

La généralité de Paris en possédait, avant 1789, cent cinquante mille hectares ; que l'on se demande ce qu'ils valent et ce qu'ils rapportent aujourd'hui, comparativement à ce qu'ils produisaient sous le régime de la communauté ?

Ne sait-on pas que la grande impulsion agricole de l'Angleterre date de la suppression des communaux ?

Si l'on compare la division du sol français, en 1789, avec celle de 1861, on trouve, d'après M. de Lavergne , le tableau suivant :

	1789.	1861.
Terres de labour	25,000,000 hect.	26,000,000 hect.
Jardins et vergers. . . .	1,500,000 —	2,000,000 —
Vignes.	1,500,000 —	2,000,000 —
Bois.	9,000,000 —	8,000,000 —
Prairies	3,000,000 —	4,000,000 —
Landes.	10,000,000 —	8,000,000 —
Total	50,000,000 hect.	50,000,000 hect.

M. de Lavergne fait remarquer qu'on a mis soixante-dix ans pour défricher 2,000,000 d'hectares de landes, soit un cinquième de leur surface : en allant toujours de ce pas , il nous faudrait encore quatre périodes de soixante-dix ans, c'est-à-dire près de trois siècles, pour arriver au défrichement complet de nos terres incultes.

On ne peut pas espérer le défrichement complet, parce que certaines étendues n'en vaudront jamais la peine ; mais ce qui explique surtout la lenteur de la mise en culture des landes, c'est que sur leur surface actuelle de 8,000,000 d'hectares, il s'y trouve encore, d'après M. de Lavergne,

4,718,656 hectares en communaux; et qu'on ne s'y trompe pas, de grandes étendues de ces terrains valent mieux par leur nature que beaucoup de terres cultivées depuis des siècles. — Sur beaucoup de points, dans le Cantal au moins, quelques irrigations, quelques soins, suffiraient souvent pour transformer en bonnes prairies de maigres pâturages, et l'on pourrait voir croître le froment, le trèfle et les plantes sarclées, là où on ne trouve à peine qu'à entretenir de chétives brebis.

Et l'État lui-même, ne trouverait-il pas son avantage dans la suppression des communaux, par les frais des transactions auxquelles ils donneraient lieu, s'ils entraient dans les conditions ordinaires des mutations? Et le jour où une division du cadastre s'opérerait, ces terrains qui ne paient qu'un impôt fictif, se trouvant améliorés, n'entreraient-ils pas dans les conditions d'impôt de la loi commune?

III

Pour rappeler l'idée première de mes essais de culture
sur des terrains communaux en bruyères, il suffira de repro
duire la lettre que j'avais l'honneur d'adresser à M. le
préfet du Cantal, à la date du 29 janvier 1858 et dont voici
la copie.

« Monsieur le Préfet,

« Vous m'avez fait l'honneur de me demander un rapport
« sur les idées que j'ai eu l'honneur de vous émettre, relati-
« vement à l'emploi de la chaux comme moyen puissant
« d'améliorations agricoles dans le Cantal, ainsi que sur les
« avantages industriels qui pourraient en résulter.

« Permettez-moi de rappeler brièvement l'origine de ces
« idées.

« Lorsque je suis venu habiter le Cantal, j'ai été frappé
« de voir que, dans un pays où la constitution du sol ré-
« clame, par sa nature même, l'emploi de la chaux comme
« moyen de fertilisation, les habitants n'eussent pas eu la
« pensée d'utiliser les gisements de calcaire abondant qui
« existent aux portes du chef-lieu de l'arrondissement de
« Mauriac, et particulièrement sur la route n° 7 qui conduit
« à St-Projet, et de là, dans la Corrèze; alors surtout que,
« dans un si grand nombre de points en France, l'emploi de
« la chaux produit des résultats si remarquables et si incon-
« testablement reconnus.

« Je fus d'autant plus frappé de cette lacune, que presque
« toute la richesse du département repose sur la production

2

« du sol, et qu'une grande partie de la surface de ce dernier
« reste complétement improductive à défaut de l'élément
« calcaire.

« Je venais prendre la direction du bassin houiller de
« Champagnac, et, de ce côté, je me trouvais en face de toute
« absence de débouchés pour ses produits, la consomma-
« tion locale étant nulle et aucune grande voie de commu-
« nication ne permettant encore le transport de la houille
« sur les grands centres de consommation.

« En présence de ces faits, je compris qu'on ne pouvait
« créer une consommation locale de la houille, pouvant
« donner un commencement de vie au bassin houiller, qu'à
« la condition d'arriver à la fabrication de la chaux sur une
« assez grande échelle et par des moyens assez économiques
« pour que son emploi fût abordable aux agriculteurs.

« J'ai prêché hautement ces idées depuis dix-huit mois,
« mais mieux que moi, vous le savez, Monsieur le Préfet,
« dans un pays comme le Cantal, les théories sont impuis-
« santes et je suis resté convaincu que des essais pratiques
« et sur une assez grande échelle pouvaient seuls avoir rai-
« son de l'incrédulité des habitants.

« Dans cette conviction, je m'étais décidé à tenter moi-
« même ces essais ; pour cela il me fallait un terrain assez
« vaste, mal réputé pour sa fertilité, sur lequel je pusse ou-
« vrir une page où les plus incrédules pourraient lire les ré-
« sultats de l'emploi de la chaux : — j'avais pensé qu'il me
« serait facile de trouver ce premier point de départ dans
« les vastes communaux en bruyères complétement incultes
« dans la commune de Chalviguac, en proposant que cette
« commune mît en adjudication une certaine étendue de ses
« communaux improductifs.

« Je m'étais dit, ou que ces communaux me resteraient
à par l'adjudication, ou qu'ils reviendraient à un plus offrant

« que moi, qui, partageant mon opinion sur les chances de
« succès, ferait lui-même les essais que je voulais tenter, et
« que dans l'un, comme dans l'autre cas, le but que je me
« proposais serait atteint.

« Dès le commencement de l'an dernier, j'avais eu l'hon-
« neur d'exposer cet ordre d'idées à M. le sous-préfet
« de Mauriac; cet administrateur comprit vite et très-bien
« les avantages que le pays pouvait en retirer, vous-même,
« Monsieur le Préfet, voulûtes bien, à votre tournée révision-
« naire au mois de mai dernier, m'entretenir de cette ques-
« tion, et le résultat des observations que j'eus l'honneur de
« vous soumettre fut de vous porter à engager M. le
« sous-préfet à diriger tous ses efforts vers la réalisation de
« ces projets.

« Mais les bonnes dispositions de l'administration, comme
« mes désirs, sont venues se heurter contre une prétention
« imprévue de la part des habitants de la commune qui pos-
« sède ces communaux.

« Ainsi que vous le savez, Monsieur le Préfet, les com-
« munes dans le Cantal sont divisées en sections, et chaque
« section a ses communaux distincts. Le conseil municipal
« de Chalvignac ne voudrait voter la vente d'une part des
« communaux qu'autant que la mesure serait agréable aux
« sectionnaires, et ces derniers mettent pour condition de
« leur adhésion qu'ils toucheront eux-mêmes et personnelle-
« ment le produit de la vente.

« Il ne m'appartient pas de discuter sur ce point, qui entre
« essentiellement dans le domaine des questions administra-
« tives; mais je discuterai l'indifférence des sectionnaires à
« l'endroit de ces essais, indifférence qui les porte, à mon
« avis, à agir contre leur propre intérêt.

« La commune de Chalvignac possède, dans son territoire
« d'une étendue totale de 3,400 hectares, 700 hectares de

« terrains en bruyères, dont 500 environ appartiennent aux
« sections, à titre de biens communaux et ne produisant ab-
« solument rien ; on y voit quelques rares et maigres brebis
« trouvant à peine à y entretenir leur maigreur et y laissant
« la moitié de leur laine.

« Le territoire de la commune comporte encore, en outre,
« 430 hectares de pâtures à peu près dans les mêmes condi-
« tions.

« C'est sur ces terrains en bruyères, ne produisant abso-
« lument rien, que je demandais à faire des essais, sur une
« étendue de cent hectares (1).

« Que serait-il ressorti de ces essais ? Ou qu'ils auraient
« donné des résultats satisfaisants, ou qu'ils ne donneraient
« que des résultats négatifs.

« Dans le premier cas, les 400 hectares des mêmes ter-
« rains restant aux sections prenaient une valeur réelle
« et immédiate, l'ensemble des terrains de la commune ob-
« tenait une plus-value importante, par l'exemple de l'em-
« ploi de la chaux et les moyens de se la procurer à un prix
« normal pour l'agriculture, et, comme conséquence, ac-
« croissement de la fortune publique.

« Dans le second cas, je mettais pour toujours à l'abri des
« dangers d'une opération malheureuse ceux qui pourraient
« plus tard avoir les mêmes pensées que moi.

« En matière d'agriculture surtout, il est bien difficile,
« sinon impossible, de prévoir le développement des idées
« progressives ; mais j'ai la conviction que les chiffres dé-
« duits du résumé qui suit frapperont votre esprit.

« Le canton seul de Mauriac présente, dans sa constitu-
« tion territoriale, le tableau suivant :

(1) L'estimation la plus élevée de ces communaux en bruyères est portée
par le cadastre comme étant d'un revenu de 0,55 centimes par hectares.

COMMUNES.	TERRES.			JARDINS.			PRÉS.			PATURES.			BOIS.			BRUYÈRES.			Terres vaines.			Revenu moyen par hectare.	
	hect.	a.	c.	hect.	a.	c.	hect.	a.	c.	hect.	a.	c.	hect.	a.	c.	hect.	a.	c.	hect.	a.	c.	fr.	c.
Mauriac	1,075	82	77	32	50	19	478	20	83	485	80	84	383	54	02	218	27	07	16	11	86	29	69
Arches	395	04	63	5	80	48	189	22	25	214	88	92	661	38	40	219	12	28	»	»	»	13	99
Auzes	915	02	75	12	62	91	363	58	82	330	54	86	180	33	72	68	36	99	»	»	»	25	41
Chalvignac..	940	06	70	16	09	46	400	90	33	431	01	14	1,004	77	02	698	46	92	»	»	»	14	53
Drugeac.....	1,029	14	48	24	25	14	410	42	16	478	98	98	93	39	88	141	53	00	»	»	»	26	26
Jaleyrac	525	41	52	9	69	12	281	28	98	328	10	76	290	11	45	200	90	30	»	»	»	23	40
Mallet......	877	88	94	14	08	04	381	83	76	488	40	69	277	81	53	52	38	44	»	»	»	17	84
Moussages ..	749	08	72	10	67	81	429	21	87	400	59	34	148	88	62	132	07	72	»	»	»	29	41
Salins.......	252	35	08	7	35	15	141	02	00	114	57	36	17	31	15	31	32	00	3	22	90	31	27
Sourniac....	405	10	90	5	17	84	188	81	30	299	93	08	197	70	02	47	76	20	2	50	10	21	62
Vigeau	1,147	88	48	11	61	00	539	05	80	611	18	96	146	97	41	368	42	50	4	23	26	28	22
	8,312	84	97	149	87	11	3,803	58	10	4,184	04	90	3,402	23	22	2,178	63	42	26	08	12		

« Il est à remarquer que la surface des terres vaines est
« presque nulle dans cette constitution territoriale.

« Il résulte de ce tableau que le canton de Mauriac est di-
« visé ainsi qu'il suit :

    « 3,400 hectares de bois, au défrichement desquels
il faudrait bien se garder de toucher,
parce que le temps peut leur donner une
valeur importante et surtout parce qu'ils
constituent les éléments les plus conser-
vateurs des propriétés cultivées, en mettant ces dernières à l'abri du fléau des
inondations.

    « 3,800 hectares de prairies, donnant un revenu
réel et considérable, par le produit des
élèves de la belle race bovine du Cantal.

    « 8,400 hectares en jardins et terres, livrés à la
culture et ne produisant pas ce qu'ils
pourraient produire, parce qu'on cultive
mal et qu'on manque d'engrais et d'amendements.

    « 4,200 hectares de mauvaises pâtures ne produi-
sant presque rien.

    « 2,200 hectares de bruyères, d'un produit nul.

« Total : 22,000 hectares.

« En groupant ces chiffres, on trouve 7,200 hectares en
« bois et prés, les premiers devant être convenablement
« aménagés et entretenus, afin de leur donner dans l'avenir
« une valeur importante, les seconds devant être améliorés,
« sur certains points, par des drainages, des moyens d'irri-
« gation plus complets, par quelques engrais et, dans cer-
« tains cas, par de la chaux.

« 8,400 hectares de terres de labour mal cultivées, pro-
« duisant quelquefois à peine, par les récoltes, les frais de
« main-d'œuvre et de semence, et qu'il importerait de
« rendre utilement productives, comme elles sont suscep-
« tibles de l'être.

« 6,400 hectares, ou environ un tiers de la surface totale
« du canton, en pâtures et en bruyères, les premières ne
« donnant qu'un produit presque nul, les secondes ne pro-
« duisant absolument rien.

« Groupant encore les deux derniers chiffres, 8,400 et
« 6,400, on aurait une surface de 14,800 hectares en pâtures
« et en bruyères, sur lesquels on aurait, dans le canton seul
« de Mauriac, à porter la culture utile, par des procédés nou-
« veaux et dont les moyens doivent se trouver, à mon avis,
« dans l'emploi de la chaux.

« Le même tableau fait pour l'ensemble des communes de
« tout l'arrondissement de Mauriac présenterait sensible-
« ment les mêmes résultats que celui fait pour le canton
« seul de Mauriac, on aurait alors à raisonner, dans le pre-
« mier cas, sur un territoire de 125,000 hectares, au lieu
« d'avoir à le faire sur celui de 22,000 hectares.

« Tous les cantons ne seraient pas dans d'aussi bonnes con-
« ditions que celui de Mauriac, à cause de l'éloignement des
« gisements de calcaire de la Forestie, mais il est probable que
« le pays en renferme d'autres, à l'existence desquels on at-
« tacherait de l'importance, le jour où leur utilité serait dé-
« montrée.

« L'usage de la chaux ne se restreindrait pas dans les li-
« mites de l'arrondissement de Mauriac, il se propagerait
« plus loin, par le fait de l'évidence des bons résultats qu'on
« arriverait à en obtenir.

« Le département de la Corrèze, dont la nature du sol ne

« réclame pas moins impérieusement l'emploi de la chaux
« que celui du Cantal, serait, au moins en ce qui concerne
« les cantons de La Plau et de Neuvic, dans d'aussi bonnes
« conditions que le canton de Mauriac, puisque ces deux
« cantons viennent jusqu'à la Dordogne, qui n'est séparée
« des gisements de calcaire de la Forestie que de trois kilo-
« mètres.

« Il n'est pas nécessaire de s'éloigner beaucoup du Cantal
« pour trouver un exemple remarquable des avantages que
« je signale. Il y a vingt ans à peine que le département de
« l'Allier était non moins arriéré que celui du Cantal, sous le
« rapport de l'agriculture.

« Les mines de houille de Bert, dans l'arrondissement de
« La Palisse, dont les produits inférieurs n'étaient propres
« aux débouchés éloignés, étaient une cause de ruine pour
« les exploitants; des essais de chaulage furent faits, les
« résultats furent tels que la pratique en devint très-répan-
« due, et les houillères de Bert doivent aujourd'hui à la
« consommation de la houille pour la fabrication de la chaux
« de pouvoir prospérer; pendant que l'arrondissement de
« La Palisse doit au chaulage de voir des étendues de terrains
« considérables qui n'avaient jamais produit que des genêts,
« des bruyères et des fougères, donner depuis plusieurs
« années de beaux et productifs froments.

« L'emploi de la chaux s'est propagé dans tout le dépar-
« tement, et sa fabrication pour les besoins agricoles con-
« stitue à elle seule, aujourd'hui, une industrie considérable
« dans l'Allier.

« La Creuse vient aussi chercher de la chaux à Montluçon;
« bien qu'elle ait des frais de transport énormes à supporter,
« l'agriculture y trouve encore son compte.

« La création d'un débouché local pour les mines de Cham-

« pagnac, par la fabrication de la chaux, serait d'autant
« plus précieuse, que, tout en donnant pour le moment un
« commencement d'existence vitale au bassin houiller, ce
« même débouché s'appliquerait pour l'avenir aux charbons
« de qualité inférieure, qui ne pourraient être l'objet d'un
« transport éloigné, tandis que les houilles même très-im-
« pures peuvent être utilement employées à la fabrication
« de la chaux.

« Un point généralement accepté dans le Cantal, c'est que
« toute la prospérité du pays repose sur le produit de la race
« bovine, il en résulte que tout ce qui n'est pas prairie na-
« turelle est négligé ; en effet, la fortune du pays s'est con-
« sidérablement accrue, pendant ces dernières années, par le
« revenu des élèves et la vente des fromages.

« La belle race de Salers, qui tend de plus en plus à se gé-
« néraliser dans le Cantal, trouve aussi chaque jour des dé-
« bouchés plus nombreux et plus éloignés ; nos marchés té-
« moignent hautement du prix qu'on y attache.

« Quand un pays possède un produit spécial, précieux et
« surtout recherché, que doit-il faire ? Il doit chercher à le
« développer dans toute l'étendue des limites possibles.

« Le jour où le Cantal pourra, par une culture mieux en-
« tendue et par le chaulage, faire produire à ses terrains ne
« produisant presque rien aujourd'hui des fourrages artifi-
« ciels et des racines fourragères, il pourra considérable-
« ment augmenter le nombre de ses grands bestiaux.

« C'est dans cet ordre d'idées que j'ai la conviction qu'on
« pourrait sensiblement doubler le chiffre de la production
« dans le Cantal, et cette opinion est celle des hommes les
« plus expérimentés du pays.

« En ce moment, le gouvernement, comme les esprits
« les plus sérieux et les plus élevés en France s'occupe de

« tout ce qui se rattache à la plus grande production possible
« du sol ; c'est que cette grande question renferme un prin-
« cipe éminemment national, parce qu'il tend à agrandir la
« base la plus immuable de la prospérité et de l'indépen-
« dance d'une nation ; mais il ne m'appartient pas d'élargir
« ici le cadre de la question que j'ai voulu traiter et je me
« borne, Monsieur le Préfet, dans le double but d'un intérêt
« industriel et agricole pour le Cantal, à solliciter votre con-
« cours en faveur des mesures qui pourraient provoquer
« dans le pays la pratique du chaulage. »

Quelques mois après cette lettre, ne voulant rien négliger
pour faire aboutir des essais de chaulage, je proposais aux
habitants les plus aisés du pays de se rendre eux-mêmes
acquéreurs d'une partie de leurs communaux, m'engageant
à leur faire livrer par la société houillère que je représentais,
gratuitement pendant trois ans, toute la houille qu'ils pourraient consommer pour la marche d'un four à chaux. Mais
ces propriétaires, n'ayant aucune confiance dans les résultats, ne voulurent en courir les chances.

Je tenais essentiellement à ce que les premiers essais de
chaulage fussent faits sur les terrains en bruyères de la commune de Chalvignac : 1° parce qu'ils étaient réputés dans le
pays comme étant impropres à une bonne culture; 2° parce qu'ils étaient très-rapprochés des gisements de calcaire ;
3° parce qu'ils n'étaient éloignés que de cinq kilomètres du
chef-lieu de l'arrondissement de Mauriac, et qu'étant traver-
sés par deux routes mettant le Cantal en relation avec la
Corrèze, les résultats pourraient être connus du plus grand
nombre de ceux qui pouvaient le plus utilement utiliser les
amendements calcaires.

Après trois années d'hésitation et sur la persistance de l'administration, la commune se décidait enfin, non pas à mettre

en adjudication une étendue un peu considérable de ses terrains communaux, mais à me consentir la vente de gré à gré, d'une étendue d'une quarantaine d'hectares seulement, pris sur la surface la plus mauvaise de ses landes en bruyères.

M. le préfet du Cantal voulait bien autoriser et approuver cette aliénation, qui fut consentie en décembre 1860.

Je commençai mes défrichements dès le mois de janvier 1861, et, au mois de mars de la même année, je me livrai à la construction d'un premier four à chaux sur un gisement de calcaire abondant, bordant la route n° 7 de Mauriac à Neuvic et ne se trouvant qu'à trois kilomètres des terrains sur lesquels je voulais créer le petit domaine de la Bruyère.

Je répète que l'estimation la plus élevée de ces terrains en bruyères est portée par le cadastre comme étant d'un revenu de cinquante-cinq centimes par hectare, et j'ajoute que, dans l'opinion des habitants du pays, mes tentatives pour fertiliser ces terrains devaient, sans nul doute, rester infructueuses.

Cette partie de landes qui m'était vendue ne présentait absolument qu'un tapis de bruyères entremêlées de quelques fougères, sillonné, en tous sens, par de nombreux chemins laissant à nu le sous-sol, et l'ensemble ne présentant même pas les conditions de fertilité nécessaire pour permettre la végétation du genêt.

On disait autrefois, dans la Sologne, que la terre y valait trois livres l'arpent, pourvu qu'il y eût un lièvre.

Il y a quelques années qu'on disait encore, dans le plateau central, que les landes en bruyères valaient cinquante francs la course d'un lièvre.

IV

MÉMOIRE AGRICOLE.

Consignation du sol.

Le petit domaine de la Bruyère, traversé par le chemin de grande communication de Mauriac à la Dordogne, d'origine toute récente, puisqu'elle ne remonte qu'à 1861, repose sur un plateau de gneiss occupant une altitude moyenne de 602 mètres.

Couche arable.

La couche arable, dont la puissance varie entre quinze et vingt centimètres, est une terre de bruyère, légère, siliceuse et donnant à l'analyse la composition suivante :

Sur 100 parties :

Perte par dessiccation dans une étuve à 100 degrés.	5 10
Perte par calcination, eau et parties volatiles des substances ligneuses et humiques	14 70
Silice et alumine..	76 65
Peroxyde de fer..	2 95
Magnésie.	0 60
	100 00

Cette analyse indique l'absence complète de chaux dans ces terrains.

Les substances ligneuses et humiques prennent des conditions de fertilité par l'addition de la chaux.

La présence de la magnésie s'explique par l'abondance du mica dans les roches, aux dépens desquelles ce sol s'est formé.

Le sous-sol, dont la puissance varie de quarante centimètres à un mètre et quelquefois plus, formé par les congénères du gneiss, présente un sable argileux, suffisamment perméable pour que la culture ne soit pas contrariée. *Sous-sol.*

Sur quelques points, mais occupant de faibles surfaces, ce sous-sol devient quelquefois assez argileux pour être sensiblement imperméable ; toutefois cette circonstance est assez exceptionnelle pour qu'elle puisse être considérée comme étant sans importance et sur les faibles étendues où elle s'est produite, il y a été facilement remédié, en ouvrant quelques tranchées dans lesquelles les cailloux roulés en quartz blanc, ramassés sur le sol du domaine, sont venus presque sans frais trouver leur place utile.

Ce sous-sol argileux renferme un assez grand nombre de sources ; malheureusement, le relief du terrain du domaine ne permet de les utiliser que sur de faibles étendues dans le domaine même. *Nature des eaux.*

A l'origine, ces eaux étaient acides, dures, en termes du pays ; depuis l'emploi des amendements calcaires et des fumures, elles se sont notablement améliorées.

Dans le Cantal, ou tout au moins dans l'arrondissement de Mauriac, la main-d'œuvre est rare ou abondante, chère ou bon marché, suivant les conditions dans lesquelles on se place pour se la procurer ; et je m'explique. *Main-d'œuvre.*

Si l'on prend des ouvriers à bâtons rompus, on en trouve facilement pendant une partie de l'année au prix de 1 fr. 75 c. par jour, sans nourriture ; mais pendant les travaux actifs, tels que les fenaisons et les moissons, les bras deviennent rares et le salaire des ouvriers nourris s'élève jusqu'à 3 fr. et 3 fr. 50 c. par jour.

Si, au contraire, on prend des ouvriers à l'année, on peut en trouver de bons, au prix de 45 fr. par mois, sans nourriture, et c'est le prix que je paie pour les ouvriers que j'occupe, soit à mes fours à chaux, soit aux travaux de la petite ferme de la Bruyère.

Les domestiques loués à l'année et nourris gagnent un gage de 250 à 280 fr. en moyenne, et le Cantal en fournit de bons.

Les femmes de ferme dans les mêmes conditions ont un gage de 100 fr. à 120 fr. en moyenne, elles sont en général laborieuses et dures aux travaux, même des champs.

Dans de telles conditions, la main-d'œuvre ne semble pas devoir être un obstacle pour l'agriculture, et toute la question se réduit à savoir combiner le travail de manière à pouvoir occuper les ouvriers pendant toute l'année, problème qui me paraît facile à résoudre, au moins dans la zone cultivée du Cantal, où il reste tant d'améliorations à porter, par le défrichement, la création de canaux, l'enlèvement des pierres, l'assainissement des terres, l'irrigation des gazons et les clôtures.

Je ne parle pas des zones culminantes de la Haute-Auvergne, où la nature n'a rien laissé à faire à l'homme, pour y trouver, pendant les mois d'été, des herbages abondants, d'une valeur nutritive si grande et qui sont la source d'un revenu considérable, par l'énorme quantité de fromage qui s'y produit, et le grand nombre d'élèves de l'espèce bovine qu'on y obtient dans les conditions les plus économiques.

Il n'est pas de pays en France où la végétation de l'herbe soit plus naturelle au terrain que dans le Cantal, et l'on peut

dire que le sol de cette contrée est éminemment herbu : cela
tient autant aux nombreuses sources que recèle le sous-sol,
qu'à la nature du sol, et cela tient encore autant à la fraîcheur
des nuits qu'à l'état généralement hygrométrique de l'atmosphère.

Il est également peu de pays où le climat et la nature
des herbages soient préférables pour la prospérité de la race
bovine et de la race chevaline.

Aussi, l'habitant de la Haute-Auvergne, guidé par les indi-
cations que lui fournissait la nature, s'est-il principalement
attaché à l'élève du bétail, ainsi qu'à la production du lait;
la culture des céréales est restée pour lui, et il avait raison,
la question accessoire ; mais les ressources sont presque
exclusivement restées dans les limites des prairies naturel-
les et des pâturages fournis par les terres laissées en jachè-
res, et les herbages venus spontanément sur ces dernières
n'atteignent que rarement une végétation puissante.

N'aurait-on pas un intérêt énorme à aider le sol dans ses
tendances, en profitant de la disposition des terres à produire
des plantes et des racines fourragères, afin d'arriver à une
augmentation considérable dans la masse des produits? Partout où l'herbe pousse naturellement, on peut être sûr que,
par une culture intelligente, on obtiendra des prairies artificielles; c'est ce que l'agriculteur du Cantal commence à
comprendre, et il s'est répandu depuis trois ans, dans le canton seul de Mauriac, plus de graine de trèfle qu'il ne s'en
était employé dans une période de vingt ans.

Pour une population de moins de 250,000 âmes, la surface
totale du Cantal, de 574,000 hectares, comporte 68,000 hectares de forêts et de taillis presque vierges, et 168,000 hectares d'herbages, ces derniers donnant le revenu le plus sûr et
le plus important du pays.

Ce département possède 149,000 têtes de bétail de la race bovine, et sur ce chiffre le contingent de l'importation annuelle figure pour 48,000 têtes; il produit 7 millions de quintaux métriques de fourrages et 40 mille quintaux métriques de fromages; il y a vingt ans à peine, cette dernière production n'était guère que moitié de ce qu'elle est aujourd'hui, et l'exportation du bétail s'est accrue dans la même proportion.

Dans une nouvelle période de vingt années, le pays pourrait-il encore doubler sa production d'aujourd'hui? Je le crois; mais, pour y arriver, il faudrait qu'il se livrât franchement à la culture des plantes et des racines fourragères.

La mission du Cantal ne sera jamais de produire des céréales, il aurait tort d'y viser, sa mission utile est de produire du lait et de la viande, et, cette dernière surtout entrant de plus en plus profondément dans les habitudes et les besoins populaires, les débouchés ne lui manqueront pas.

La configuration du Cantal présente des écarts énormes dans les altitudes dont la limite supérieure s'exprime par 1,860 mètres, pendant que la limite inférieure descend à 250 mètres. On comprend que ces froids sommets et leurs pentes rapides ne peuvent porter que des forêts et des pâturages, mais on comprend aussi qu'en se rapprochant des altitudes intermédiaires, on se trouve dans les conditions normales pour les cultures fourragères.

La constitution géologique du Cantal présente trois grandes divisions :

1° Les basaltes et les conglomérats volcaniques; 2° les granits; 3° les gneiss et leurs congénères : ces deux dernières formations formant une couronne d'enceinte à la première.

Les basaltes et les conglomérats volcaniques représentent les deux cinquièmes de la surface totale, pendant que les granits et les gneiss occupent les trois autres cinquièmes.

Outre ces deux grandes divisions, deux catégories de terrains sédimentaires, n'occupant que de faibles étendues, mais pouvant rendre de grands services, sont, l'une la formation houillère de Champagnac, l'autre les dépôts de calcaire qu'on trouve sur plusieurs points du département.

Les conditions de fertilité inépuisable des sources des terrains volcaniques s'expliquent facilement ; la décomposition constante des roches constituant ces terrains met en liberté de la chaux, de la soude et de la potasse, qui sont des engrais puissants, surtout pour la végétation herbifère.

Il n'en est pas de même des sources des terrains primitifs, qui ne livrent que des eaux privées de chaux et de sels alcalins.

Une partie de la surface des granits et des gneiss est occupée par les bois, les bruyères, les fougères et les genêts.

Les bois, à tous points de vue, doivent être conservés et aménagés.

Mais n'y aurait-il pas un intérêt considérable à transformer en prairies artificielles, ou tout au moins en pâturages moyens, les étendues énormes occupées par les bruyères et les genêts, en ce qui concerne au moins les parties qui, ne se trouvant pas en pente, peuvent être défrichées sans inconvénient?

On sait que les sols propres à la végétation de la bruyère et de la fougère sont généralement des terrains siliceux, privés de chaux, chargés d'un principe d'acidité qui est un obstacle à la végétation du plus grand nombre des plantes.

On sait également depuis longtemps que, en ajoutant à ces terrains l'élément calcaire qui leur manque complétement, on réveille chez eux, par des réactions chimiques et des effets

3

physiques, des conditions de fertilité qui débordent généralement toutes les prévisions qu'on pourrait avoir avant toute expérience pratique.

Assez d'agriculteurs distingués, et particulièrement M. Puvis, ont écrit sur l'emploi de la chaux et ses avantages, pour qu'il ne reste plus rien à dire sur ce sujet.

Les résultats obtenus par le chaulage dans beaucoup de départements en France, et entre autres dans ceux de la Manche, de la Sarthe, de la Mayenne et, plus près de nous, dans l'Allier et l'Aveyron, ont eu pour effet, sur certains points, de doubler le revenu territorial.

Le département de la Mayenne, seul, doit à la chaux un supplément de production d'un million d'hectolitres de froment, ou, en d'autres termes, une augmentation d'environ vingt millions de francs dans le produit brut.

Et si l'on recherche l'explication de la grande prospérité de l'agriculture anglaise, on en trouve une des causes principales dans l'emploi des amendements calcaires permettant à leur suite de fortes fumures, par suite de l'abondance des produits du sol.

A ma première course dans le Cantal, bien que je ne me fusse jamais occupé d'agriculture, je fus frappé du luxe de végétation qui se montre partout dans les montagnes de la Haute-Auvergne, même sur des sols d'une faible profondeur, et je me dis que le pays devait renfermer une richesse climatérique qu'on ne saurait trop utiliser.

En constatant plus tard, dans l'arrondissement de Mauriac, la richesse du vaste bassin houiller de Champagnac et l'existence de gisements de calcaires inépuisables, je me dis que ces deux éléments promettaient un avenir nouveau à l'agriculture du pays.

En présence d'étendues du sol aussi considérables abandonnées, je pensais qu'il y avait quelque chose à faire pour préparer cet avenir.

J'étais convaincu que ces pauvres terrains de bruyères, si dédaignés, étaient susceptibles, par le chaulage d'abord, par une bonne culture ensuite, de produire, profitant des bonnes conditions climatériques du pays, non pas ce que peut produire un sol riche, mais ce qu'on peut obtenir sur un bon sol ordinaire.

C'est ce que j'ai cherché à démontrer en créant le petit domaine de la Bruyère.

Mes essais étant frappés des préventions les plus fâcheuses, entourés de l'incrédulité la plus complète, je comprenais que, pour leur donner une valeur sérieuse, ils devaient être faits dans les conditions les plus économiques ; il ne devait pas s'agir d'emprunter à la science et à des dépenses exagérées les moyens de faire produire à un sol réputé infertile du froment, du trèfle, de la luzerne, des racines fourragères, du maïs et du chanvre, il importait surtout d'arriver à des produits ayant un prix de valeur supérieur au prix de revient ; il fallait par-dessus tout les obtenir avec les seules ressources que le pays pouvait fournir.

Si l'on tient compte des conditions dans lesquelles je me trouvais placé pour faire ces essais, elles seront encourageantes pour tout autre qui voudrait en tenter de semblables.

Je ne pouvais, dans ma position, donner à cette opération qu'une surveillance très-secondaire ; j'étais complétement étranger à toute idée pratique d'agriculture, j'étais exactement dans les conditions d'un colon inexpérimenté allant s'implanter dans les déserts de l'Algérie ; il fallait créer de fond en comble des constructions indispensables et en outre un petit matériel d'exploitation.

Si l'on compare ces conditions fâcheuses à celles dans lesquelles se trouverait un propriétaire expérimenté, possédant déjà un domaine muni de bâtiments, de bestiaux et d'un matériel, on comprendra avec quels avantages sur moi, quelle économie surtout, il pourrait améliorer ses terres déjà cultivées et mettre en culture ses terrains de landes ; il est peu de domaines dans le Cantal ou tout au moins dans l'arrondissement de Mauriac qui n'en possèdent de certaines étendues, et le massif culminant du plateau central comporte, je le répète, des surfaces considérables de ces terrains ne produisant rien.

Il était évident pour moi que l'opération renfermée dans des limites aussi restreintes que celles d'environ quarante hectares ne pouvait constituer une spéculation agricole; mais cette étendue me semblait suffisante pour ouvrir une page où chacun pourrait lire les effets de la chaux, et je désire que l'enseignement qu'on peut y puiser soit utile au pays.

Pour éviter des tâtonnements à ceux qui pourraient être entraînés à suivre mon exemple, je crois devoir décrire la série de mes travaux pour la mise en culture des landes en bruyères : laissant à chacun le soin d'en prendre ce qui lui paraîtra bon et d'abandonner ce qui lui semblera mauvais.

J'ai opéré tous mes défrichements pendant les mois d'hiver, tant que les fortes gelées n'étaient pas un obstacle.

Avant de procéder au premier labour de défrichement, je faisais incendier à la surface du sol les tiges de bruyères, lorsque ces dernières étaient assez vigoureuses pour gêner la marche des bœufs et encombrer la charrue.

Cette première opération, que j'appellerai brûlis, s'obtient avec la plus grande facilité et presque sans frais : il suffit, par un temps bien sec en été, ou au moment d'une forte gelée en hiver, de faire la part du feu, en coupant ou défrichant la bruyère sur une largeur de 50 à 60 centimètres, de manière à former un cordon d'enceinte à la surface qu'on veut incendier.

Cette première précaution prise, au moyen de torches de paille, on met le feu de distance en distance à la bruyère, sur quelques points formant la ligne d'enceinte ; la surface du sol est en quelques instants couverte d'une immense flamme, tout le terrain se trouve rapidement dépouillé des produits de sa végétation inutile, et le sol reste couvert d'une légère couche de cendres donnant déjà un petit élément de fertilité.

Au premier aspect et surtout au point de vue théorique, il semblerait préférable d'enfouir par le labour de défrichement toutes les tiges de bruyères et de fougères, afin d'utiliser leur décomposition dans le sol; mais cet avantage aurait parfois des inconvénients sérieux ; dans beaucoup de cas, la condition d'enfouir complétement les bruyères entraînerait souvent dans l'obligation d'un labour plus profond que la couche arable ; or, dans le premier défrichement des terres de bruyères, il faut surtout bien se garder de ramener à la surface une partie même minime du sous-sol. Un second inconvénient réside dans la longueur désespérante que mettent les tiges de bruyères à se décomposer, et, outre l'embarras qu'elles causeraient dans le premier labour de défrichement, les premières façons venant à sa suite resteraient plus difficiles et plus coûteuses.

Toutefois, le mode de défrichement enfouissant, même imparfaitement, les bruyères, pourrait convenir à un propriétaire ayant dans son domaine des terrains de landes qu'il voudrait défricher, sans être pressé de les mettre en culture comme je l'étais et comme le serait tout homme ne possédant aucun autre terrain.

Une charrue Dombasle n° 2, conduite par une seule paire de bœufs rompus au travail, m'a été suffisante pour le premier défrichement, et l'on a mis en moyenne six journées de travail pour le défrichement d'un hectare.

La charrue était conduite de manière à reposer le plus constamment possible sur le sous-sol, de manière à n'attaquer que la couche arable qui, je le répète, a une épaisseur de quinze à vingt centimètres.

C'est dans ces conditions que, dans la première période de janvier à avril 1861, j'ai pu, avec un seul homme et une paire de bœufs, faire défricher une première étendue de neuf hectares.

Pendant cette même année 1861, j'ai pu faire ensemencer cette surface de neuf hectares, savoir : quatre hectares en sarrasin et cinq hectares en seigle; je me suis attaché, on le voit, dans les débuts, à ne demander au sol que les produits qui sont les plus naturels au pays.

Dès que j'ai produit de la chaux, au mois d'avril, j'en ai fait transporter sur le labour du défrichement, à raison de 100 quintaux métriques par hectare; cette chaux était disposée en petits tas de distance en distance et chaque tas était recouvert d'une petite couche de terre empruntée autour du tas lui-même; lorsque la chaux était réduite en poudre, soit sous l'influence des pluies ou simplement par l'action des conditions hygrométriques de l'atmosphère, on la répandait à la pelle, aussi régulièrement que possible, sur toute la surface du labour.

Un homme peut aisément et très-convenablement, dans une journée de travail, répandre les 100 quintaux métriques de chaux sur un hectare.

Pour enfouir la chaux, opération qui constitue la seconde façon à donner au terrain, je me suis servi, tantôt d'un scarificateur, tantôt de l'araire du pays. Si l'on fait usage du premier instrument, il importe de le faire marcher dans le sens même du labour de défrichement, alors il déchire convenablement la surface du labour; si, au contraire, on le conduit suivant une ligne perpendiculaire à la direction des sillons, ainsi que j'avais d'abord cru bon de le faire, les petits socs du scarificateur, soulevant les bandes du labour qui présentent une grande adhérence à cause de la présence des racines de bruyères, ramènent ces bandes, en partie, dans leur position première.

Si l'on fait usage de l'araire du pays, il convient de le diriger de manière à tracer une ligne formant un angle de 25 à 30 degrés avec la direction du labour de défrichement, et je donne à ce dernier mode la préférence.

Cette seconde façon exige pour un hectare cinq journées d'une paire de jeunes bœufs ou d'une paire de vaches ordinaires.

Quelque temps après cette seconde façon, il est très-avantageux de donner un fort coup de herse, cette opération contribue beaucoup à ameublir la surface du labour et à mieux diviser la chaux.

La herse doit être conduite lentement et soulevée très-souvent, afin de lui faire échapper les nombreuses racines dont elle s'encombre.

Cette troisième façon, n'exigeant pas la journée entière d'un homme et d'une paire de bœufs, laisse le sol prêt à être ensemencé.

Dans les terrains nouvellement défrichés, l'instrument aratoire que je préfère pour le labour de la première semence est l'araire du pays conduit à une faible profondeur.

La herse, si avantageuse pour les semences qui doivent

suivre plus tard, présente des inconvénients sérieux pour la première, surtout si l'on n'a pas laissé au temps le soin de laisser assez décomposer les racines et les mottes, pour qu'elles ne présentent presque plus de consistance; la herse, s'encombrant, forme traîneau, elle enlève toute la semence sur certaines étendues, pour l'accumuler en trop grande quantité sur d'autres espaces et l'on se trouve avec un champ très-irrégulièrement semé.

Le labour des semailles à l'araire, très-soigneusement exécuté, exige au plus, par hectare, quatre journées d'un homme et d'une paire de jeunes bœufs ou de vaches ordinaires.

Une façon qu'on ne saurait trop recommander dans le Cantal, après toutes les semences et surtout sur les terrains légers nouvellement défrichés, consiste dans l'emploi du rouleau pour plomber les terres. Cette opération est non moins importante à répéter sur les récoltes après les dernières gelées à la fin de l'hiver; à cette saison, beaucoup de plantes, ayant leurs racines complétement déchaussées, dépérissent en grande partie.

Cette façon, si importante à mon avis et presque ignorée dans le Cantal, a moins sa raison d'être négligée que toute autre, puisqu'elle est celle qui coûte le moins. Un rouleau à disques, de un mètre de largeur, traîné par une paire de jeunes bœufs ou de vaches ordinaires, peut largement, dans une journée de travail, plomber plus de deux hectares de terrain.

En résumant les opérations de main-d'œuvre nécessaires pour la mise en culture des landes en bruyères sur lesquelles j'ai opéré, on trouve par hectare les dépenses suivantes :

	Par hectare.	
Cordon d'enceinte et brûlis	3	»
6 journées d'une paire de bœufs pour défrichement . . .	30	»
1 journée d'un homme pour répandre la chaux	1	75
5 journées d'une paire de vaches pour enfouir la chaux . .	20	»
1 journée d'une paire de bœufs pour coup de herse . . .	5	»
4 journées d'une paire de vaches pour labour de semailles .	16	»
Un premier plombage au rouleau sur semailles	2	»
Un second plombage au rouleau sur récolte	2	»
Total	79	75

Il est évident qu'un propriétaire possédant un domaine trouverait une économie sur ces chiffres, en utilisant pour ses défrichements le temps perdu de ses hommes et de ses animaux.

A cette dépense de main-d'œuvre s'élevant à 79 fr. 75 c., et que nous porterons à 100 fr. pour éviter les mécomptes, faire la part des fausses manœuvres et tenir compte des frais généraux, il faut ajouter la valeur de 100 quintaux métriques de chaux rendus sur les champs :

Soit main-d'œuvre	100	»
Soit 100 quintaux métriques de chaux à 1 fr. 50	150	»
Total	250	»

Le prix de la chaux prise au four, par la commune de Chalvignac, est de 1 fr. 20 c. par quintal métrique.

Le transport des fours et la division dans les terres du petit domaine de la Bruyère, pour une distance moyenne de quatre kilomètres, sont largement comptés à 0 fr. 30 c. par quintal métrique.

Je me suis donc placé, pour mes essais, dans les conditions des dépenses ordinaires pour la commune de Chalvignac.

Pour les autres communes du canton de Mauriac, chacun aura à tenir compte de la différence dans les prix de transport de la chaux, mais ce transport peut être fait économiquement, si les propriétaires savent utiliser leurs animaux dans les moments où les travaux des champs n'exigent pas leur présence à la ferme.

Il importe surtout de faire connaître le résultat obtenu par le premier essai, sur les neuf hectares mis en culture dans la première période de 1861.

Dépenses :

Main-d'œuvre, 100 fr. par hectare.	900	»
Chaux, 900 quintaux métriques à 1 fr. 50	1,350	»
Semence de 5 hectares en seigle, 10 hectolitres à 15 fr. . .	150	»
Semence de 4 hectares en sarrasin, 2 hectol. 5 à 13 fr. . .	32	50
Total.	2,432	50

Soit 270 francs par hectare.

Produits :

Des 5 hectares en seigle, 89 hectolitres à 15 fr.	1,335	»
Des 4 hectares en sarrasin, 92 hectolitres à 13 fr.	1,196	»
Total.	2,531	»

Soit 281 francs par hectare.

Pendant l'année 1861, le prix des céréales était plus élevé que celui que j'indique, et par suite le résultat se trouvait meilleur; mais pour placer l'opération dans des conditions normales, j'ai dû affecter les produits en grains de leur valeur moyenne dans le Cantal.

J'ai admis que les frais de moisson et de battage étaient compensés par la valeur des pailles.

En résumé, la première avance à s'imposer pour obtenir sur des terrains réputés jusque-là incultes une première récolte laissant à sa suite une terre chaulée, pouvant, par des fumures ordinaires et des façons très-économiques, produire du froment et toutes les autres céréales, des plantes et des racines fourragères, s'exprima par 270 fr. par hectare, et cette avance est largement couverte par les produits de la première année.

La terre de bruyère convenablement amendée et fumée est si éminemment propre à la culture du jardinage et aux semis des arbres, que quelques hectares suffiraient aux abords d'un grand centre de population pour faire la fortune d'un maraîcher ou d'un horticulteur.

J'ai dit que, après une première récolte, les terrains de bruyères n'entraînaient que dans des façons économiques ; en effet, il n'est pas de sol plus facile à travailler, en raison de sa légèreté et de sa friabilité ; sur les terres fortes, les façons en général ne peuvent convenablement s'exécuter, lorsque le sol est trop sec ou trop humide ; au contraire, dans les terres siliceuses et légères comme les terres de bruyères, presque toutes les façons peuvent s'exécuter sans inconvénient en tous temps, hors le temps des fortes gelées d'hiver, et outre le moins grand nombre de façons et leur très-grande rapidité, on trouve l'avantage de pouvoir utiliser plus constamment les hommes et les animaux. C'est ainsi que je peux par un seul labour pratiquer sur les chaumes en automne ou en hiver, limiter les façons au printemps, pour les semences de cette époque, à un second labour au scarificateur, à un hersage pour couvrir la semence et au passage du rouleau pour plomber le sol.

Le labour en planches, en automne ou en hiver, exige par hectare quatre journées d'un homme et d'une paire de bœufs, soit . . . . 20 fr. » c.

Le labour au scarificateur à cinq socs ne demande pas la journée entière d'un homme et d'une paire de bœufs, soit . . . . 4 »

Le hersage emploie au plus, pour un hectare, la demi-journée d'un homme et d'une

paire de bœufs, soit . . . . 2 fr. 50 c.
Plombage au rouleau en fonte, à 13 disques,
soit 1 76
                                    ____
                                    28   25

Soit 28 fr. 25 c. par hectare.

Il est impossible de concevoir un prix de revient de façon plus économique.

Si donc les terres légères ont en général l'inconvénient d'être douées d'une fertilité moins grande que les terres fortes, elles ont sur ces dernières l'avantage d'exiger des frais de culture beaucoup moins considérables, et si l'on applique, chaque année, l'économie obtenue sur le travail en amendements calcaires et en fumiers, en tenant compte surtout de la valeur initiale des terrains dans les deux cas, on trouvera, par l'expérience de quelques années, qu'une opération agricole bien comprise et bien dirigée sur les terrains siliceux, si généralement abandonnés sur le plateau central, présenterait des avantages réels et sérieux.

Les résultats obtenus par les premiers essais en 1861 en seigle et en sarrasin commencèrent à ébranler un peu l'incrédulité des habitants du pays, mais il leur restait encore la conviction que cette fertilité n'était que très-momentanée et qu'elle ne se reproduirait pas de longtemps sur le même sol.

Un résultat cependant devait les frapper et les frappait en effet, parce qu'il rentrait essentiellement dans l'ordre de leurs idées de prédilection : c'était de voir la végétation spontanée du petit trèfle blanc se produire sur le chaume du seigle, parce que cette plante, si précieuse dans les herbages du Cantal et réputée seulement possible dans les bonnes terres, ne s'était jamais produite, même à l'état exceptionnel, sur des terrains de la nature de ceux que j'avais chaulés.

C'est surtout après une première récolte obtenue sur chaulage que, pour avoir une seconde récolte dans les meilleures conditions, les semences deviennent d'une application indispensable.

Pressé, comme je l'étais, d'obtenir des fourrages sur les quatre hectares qui avaient été ensemencés en sarrasin, je fis, en automne, pratiquer un labour à la charrue; au mois de mars 1862, un second labour au scarificateur fut exécuté : il s'agissait, voulant semer des graines fourragères sur un terrain si récemment défriché, de l'ameublir le plus possible, et sur le labour au scarificateur un premier hersage fut opéré; sur ce coup de herse, le fumier d'étable et d'écurie, répandu à raison de 100 quintaux métriques par hectare, fut enfoui à la petite charrue, et 10 hectolitres de semence d'avoine furent recouverts par un second coup de herse.

Par-dessus l'avoine, sur deux hectares il fut jeté 30 kilog. de graine de trèfle rouge ordinaire, et sur les deux autres hectares, 25 kilogrammes de graine de lupuline; le tout fut soumis à l'action du rouleau.

La récolte en avoine fut aussi satisfaisante qu'il était possible de l'espérer et le rendement des quatre hectares fut de 97 hectolitres, soit 23 hectolitres par hectare.

Pendant l'été de 1863, les deux hectares semés en trèfle furent l'objet de deux coupes qui produisirent seize chars du pays en fourrage sec et pouvant être évalués ensemble à 8,000 kilogrammes.

La lupuline, présentant une belle végétation, fut partie coupée en vert et partie livrée, d'abord au pâturage des bœufs et vaches, puis à celui des brebis, et j'obtins par ces moyens une nourriture d'été économique pour mes animaux.

La question principale qui consistait pour moi dans la culture des plantes fourragères étant résolue favorablement, je me livrai pendant les années 1863, 1864 et 1865 à d'autres essais, et je résume en quelques lignes les résultats, en donnant les rendements moyens obtenus par hectare.

Céréales :

	Par hectare.
Froment d'hiver.	17 hectolitres.
Seigle d'hiver.	19 —
Avoine de printemps.	22 —
Sarrasin.	20 —

Fourrages secs :

Trèfle rouge ordinaire	3,800 kilogrammes.
Luzerne.	3,500 —
Vesces et avoine mélangées	3,400 —

Fourrages verts :

Seigle	16,000 kilogrammes.
Vesces et avoine mélangées.	13,000 —
Maïs	25,000 —
Sarrasin	18,000 —

Plantes fourragères et tubercules :

Betterave fourragère	35,000 kilogrammes.
Rave d'Auvergne et du Limousin	17,000 —
Pomme de terre	225 hectolitres.
Topinambour.	190 —

A défaut de bascule, les rendements en poids ont été déterminés, en prenant pour base le poids moyen d'un char, pour chaque nature de récolte, et les résultats donnés par les chiffres ci-dessus doivent sensiblement se rapprocher de l'exactitude.

Renseignements spéciaux.

Étendue du domaine. L'étendue du petit domaine de la Bruyère est de 38 hectares, il est divisé par deux chemins; des clôtures provisoires ont été faites au moyen de palissades en perches, ou en branchages ; un essai de plantation d'aubépine me détermina à employer graduellement cette nature de haies vives, comme clôture définitive.

Je dispose la culture de manière à arriver, dans la campagne de 1866, à avoir un tiers de la surface en culture de céréales, un tiers en culture de plantes fourragères, et l'autre tiers, partie en culture de plantes binées, et partie en pâturages sur les herbages de seconde année. *(Division du sol.)*

Les bâtiments se composent : 1° d'une petite maison de ferme comportant une petite laiterie ; 2° d'une étable principale pouvant contenir dix-huit vaches laitières et leurs veaux ; 3° d'une seconde étable pouvant contenir six génisses ; 4° d'une troisième étable pouvant contenir six bœufs. Chaque étable est surmontée d'une grange à fourrage, susceptible de renfermer la nourriture d'hiver du contingent des animaux. *(Bâtiments.)*

5° D'une bergerie pouvant recevoir 150 têtes ; 6° d'une porcherie pouvant loger une quinzaine de porcs.

Toutes ces constructions, faites en bonne maçonnerie à mortier de chaux, sont couvertes en tuiles rouges, moins la bergerie et la porcherie qui sont couvertes en chaume.

Les transports s'exécutent au moyen des bœufs et des vaches liés au joug et traînant soit des chars, soit des tombereaux ordinaires à deux roues. *(Modes de transport.)*

Dans une culture aussi récente, voulant mettre rapidement en produit toute la surface du domaine, je n'ai pu adopter encore d'assolement régulier. *(Assolement.)*

J'ai dit que l'amendement employé était la chaux. Outre son emploi direct sur le défrichement, je la distribue encore à petites doses, à l'état de compost sur les trèfles et les luzernes, cela produit le meilleur effet. *(Amendements et Engrais.)*

Les engrais employés sont exclusivement les fumiers d'étable et d'écurie; possédant peu d'animaux, j'ai, dans la période des trois années de 1863 à 1865, acheté le fumier de la gendarmerie de Mauriac, comportant en moyenne six chevaux, par abonnement à raison de 27 francs par an et par cheval; j'ai pu par ce moyen réaliser des fumures moyennes, sans subir une dépense trop considérable.

J'ai indiqué le contingent des gros animaux possédés par le Cantal, et cependant c'est un des départements qui produisent le moins de fumier. Cette lacune est regrettable surtout pour que le pays puisse se livrer fructueusement aux cultures fourragères. Ce fait anormal, entre le grand nombre d'animaux et la petite production du fumier s'explique très-vite, en se rendant compte que le pays, se livrant très-peu à la culture des céréales, produit peu de paille et que la petite quantité obtenue est en grande partie livrée aux animaux comme alimentation, et dans le plus grand nombre des fermes, on trouve le bétail directement sur le pavé de l'étable.

Une seconde cause de la faible production du fumier se trouve encore dans ce fait, que les animaux n'occupent l'étable que pendant la saison rigoureuse de l'année et qu'ils passent complétement dehors, nuit et jour, les mois de la bonne saison; durant ce temps, les animaux sont mis le jour en liberté dans les pacages; la nuit ils sont laissés dans les mêmes conditions, ou assez souvent parqués dans des parcs mobiles.

Le parcage produit certainement de très-bons effets sur les gazons, mais il est loin cependant d'utiliser le fumier dans ses meilleures conditions.

Un point sur lequel tout le monde est d'accord dans le Cantal, est que les animaux couchant dehors se portent beaucoup mieux que couchant dedans, qu'ils sont beaucoup moins sensibles aux variations atmosphériques, que les élèves se développent plus rapidement, que les vaches laitières donnent une plus grande quantité de lait et de qualité meilleure. On ne saurait donc combattre cette habitude qui a si grandement sa raison d'être et qui est consacrée par une longue expérience.

Mais pendant les mois d'hiver, il serait très-facile de suppléer à l'absence de la paille et de fournir aux animaux d'abondantes litières, au moyen des genêts, des bruyères et des fougères, qui existent dans le pays en si grande quantité, et qu'on peut obtenir à peu de frais, en hiver surtout, alors que les hommes ont beaucoup de temps perdu.

Le genêt produit un très-bon fumier et bien supérieur à celui obtenu avec le secours des fougères et des bruyères.

Pour concilier l'avantage de faire coucher le bétail dehors avec le besoin de produire du fumier, j'indique le moyen suivant, qui m'a très-bien réussi.

Au lieu de faire coucher en parc mobile, comme on le pratique, je fais coucher en parc fixe. Ce parc est établi près de l'étable, sur un terrain un peu élevé et légèrement incliné. Le sol est recouvert d'une couche de 30 à 40 centimètres de terre mélangée de chaux, le tout bien damé, et sur laquelle on entretient une abondante litière de genêts, de bruyères, de fougères et de paille, quand on le peut.

On arrive ainsi à produire, pendant l'été, une quantité considérable de bon fumier, et c'est une ressource précieuse pour les semences d'hiver.

J'ai fait l'énumération des instruments employés pour les façons, j'ai indiqué le nombre d'animaux qu'ils réclament et le nombre des journées de travail nécessaires par hectare.

Labours.

4

Mon petit matériel d'instruments aratoires se limite à une charrue Dombasle n° 2, pour les défrichements, à deux charrues moyennes Jaussot, pour les labours, à un scarificateur à cinq socs, à une herse Valcour et à un rouleau en fonte à treize disques, le tout ne représentant pas un capital de six cents francs.

Semences.

Les semences sont faites à la volée, enfouies à la herse et soumises à l'action du rouleau.

Les semences d'hiver, telles que seigle et froment, sont exécutées en septembre autant que possible ; on a un avantage énorme en général dans le Cantal et particulièrement sur les terres légères, à ne pas faire les semences tardivement, afin qu'elles puissent avoir le temps de prendre de la force avant l'arrivée des fortes gelées.

Les semences de printemps, telles qu'avoine et vesces, doivent être faites en avril, si on veut qu'elles soient riches en grains ; il faut cependant éviter de les faire trop hâtivement, dans la crainte que les dernières gelées ne viennent encore les surprendre.

La quantité de semence pour toutes les céréales dépasse rarement deux hectolitres par hectare.

La graine de trèfle rouge ordinaire est répandue à raison de seize kilogrammes par hectare ; celle de lupuline, à raison de douze kilogrammes.

Les pommes de terre et topinambours sont plantés à la petite charrue dans les premiers jours de mai ; les premières, à raison de vingt hectolitres par hectare, les seconds à raison, de dix hectolitres.

Les raves, soit d'Auvergne, soit du Limousin et qui sont celles qui m'ont donné les meilleurs résultats, sont semées à la volée, en culture directe, dans la première quinzaine de juin, en culture dérobée sur les chaumes, vers le 20 juillet, et dans les deux cas, quatre kilogrammes de graine sont répandus par hectare.

Le sarrasin, semé à la volée dans les premiers jours de juin, demande un demi-hectolitre de semence par hectare; et, enfin, le maïs pour fourrage vert est semé à la volée depuis la fin de mai jusqu'au commencement d'août, à raison de 150 kilogrammes par hectare.

Un seul binage, suivi d'un buttage exécuté à la binette, est suffisant, sur ces terrains légers, pour les pommes de terre, topinambours et betteraves, et cette façon revient, en moyenne, à 14 francs par hectare. Entretien des plantes.

Les moissons pour les seigles et froments se pratiquent en juin; pour les avoines et les vesces, vers la fin de juillet. Moissons.

La moisson dans le Cantal est en partie exécutée par des ouvriers venant du Limousin; ils sont très-exercés et très-habiles à manier la sape avec laquelle ils font un travail presque double de celui des ouvriers du pays employant la faucille.

Le terrain du petit domaine de la Bruyère étant nivelé et épierré, j'ai trouvé un avantage sérieux à faire faucher, l'an dernier, les avoines, et j'utiliserai cette expérience cette année, pour faire également faucher les blés.

La moisson faite à la faux et exécutée par les hommes attachés à la ferme peut se réaliser au prix de revient de cinq à six francs par hectare.

Les foins et tous les fourrages sont coupés à la faux, et le Cantal possède de très-habiles faucheurs. Fenaison.

L'arrachage des pommes de terre et des topinambours s'exécute à la petite charrue; pour les betteraves et raves, cette opération se fait à la main.

Les gerbes, pailles et fourrages sont conservés dans les granges, de même que les raves, et pour ces dernières, c'est le mode de conservation qui m'a le mieux réussi. Conservation
des
produits.

Les pommes de terre et betteraves sont conservées dans des caves et celliers.

Le battage s'exécute généralement en hiver, dans les granges et au fléau; ce travail et les soins donnés aux animaux résument en très-grande partie tout l'effet utile des hommes de ferme dans le Cantal, durant la mauvaise saison.

La culture des céréales étant la question secondaire dans le Cantal, les machines à battre s'y implanteront difficilement. Lorsque le battage ne s'exécute pas dès le commencement de l'hiver, les rats font un dégât considérable, surtout dans les gerbes d'avoine, et cette circonstance me déterminera à faire venir une petite machine à battre, pour la campagne prochaine.

La seule race d'animaux domestiques dont on ait à tenir sérieusement compte dans le Cantal, est la race bovine.

Autrefois le pays se livrait à l'éducation chevaline d'une manière assez remarquable, mais il tend de plus en plus à s'en éloigner; on trouve bien encore dans presque toutes les fermes une ou deux juments poulinières, mais elles sont, ainsi que leurs produits, l'objet de si peu de soins, que les résultats ne peuvent être que négatifs.

Le seul moyen de retirer aujourd'hui un revenu des juments est de les livrer à la reproduction du mulet. Ce dernier, exigeant beaucoup moins de soins que le poulain et se vendant très-jeune, réalise un produit, mais ce produit ne s'élève jamais bien haut, si l'on tient compte de la nourriture de la jument.

La race bovine a été, au contraire, l'objet d'améliorations très-remarquables dans le Cantal, dans la dernière période d'une vingtaine d'années, et ce progrès est loin de s'arrêter dans sa marche, puisqu'il est encore très-sensible d'année en année, sous le rapport du nombre comme sous le rapport des qualités; tout en conservant à la belle race de Salers une partie de sa rare aptitude au travail, on a cherché à la modifier et on la modifie chaque jour, de manière à augmenter son aptitude à l'engraissement et à la production du lait.

Une grande part de ce progrès doit être, à mon avis, attribuée à la création des concours.

Le Cantal ne livre que par rare exception des veaux à la boucherie, tous les produits sont élevés ; les élèves mâles sont en général vendus à l'âge de 12 à 15 mois, et les foires du pays témoignent hautement de ces faits, que le rayon des débouchés va toujours s'agrandissant et que les prix de vente restent très-rémunérateurs.

Chaque année également, la production du fromage se traduit par un chiffre plus élevé, et le prix de vente, qui n'était autrefois que de 25 francs par demi-quintal métrique, s'élève aujourd'hui à 50 francs ; — il importe encore d'ajouter que la production en fromage, se limitant autrefois en moyenne à un demi-quintal métrique par vache, s'élève aujourd'hui à un quintal métrique.

Ainsi on le voit, si le Cantal a fait de larges progrès dans la race bovine, il profite aussi largement de l'augmentation de la valeur de ses produits.

Pour les petits travaux de la ferme de la Bruyère, hors *Travail des animaux.* ceux du premier défrichement, j'emploie les taureaux et les vaches.

Je fais travailler les taureaux dès l'âge de deux ans, ce travail précoce nuit à leur développement, mais ils deviennent plus durs, plus adroits et plus actifs au travail que les bœufs qu'on ne livre à la charrue qu'après trois ans, et je reste convaincu qu'il y a économie à utiliser jeunes les animaux destinés au travail de la ferme.

En hiver, les bœufs et taureaux restent au labour d'une seule haleine, pendant six à sept heures par jour, et en été dix heures réparties en deux postes de cinq heures, en commençant toujours de très-grand matin, de manière à avoir un long repos de quatre heures au moins au milieu de la journée.

J'introduis autant que cela m'est possible, dans l'alimentation des animaux de travail, une ration de quatre litres de glands, par jour et par tête; je ne connais pas de nourriture plus économique et donnant plus de vigueur et d'énergie aux bœufs.

J'achète du gland au prix de deux francs l'hectolitre, ce qui, pour une ration de huit litres pour une paire de bœufs, ne représente qu'une dépense de seize centimes par jour. Je ne demande aux vaches qu'un travail léger, dépassant rarement cinq à six heures par jour, de manière à ne pas nuire à leur développement, et encore le travail n'est-il imposé qu'aux vaches qui ne donnent pas de lait ou qui n'approchent pas du terme de la parturition.

A partir des premiers jours d'avril jusque vers la fin d'octobre, mes animaux sont soumis au régime d'une demi-stabulation, ils sont envoyés soir et matin au pâturage, ils sont ramenés à l'étable pendant les quatre ou cinq heures de la plus grande chaleur de la journée, et durant ce temps ils reçoivent une ration de fourrages verts, tels que blé, trèfle, vesce et maïs.

Le pâturage en avril ne donne une nourriture ni assez substantielle, ni assez abondante, pour que les animaux n'aient pas besoin de recevoir à l'étable une ration de fourrages secs, et il importe de conserver une certaine quantité de ces derniers pour cette époque où aucun fourrage vert ne peut encore être fauché.

A la rentrée définitive à l'étable, qui a lieu ordinairement dans les premiers jours de novembre, tous les animaux moins ceux de travail et les vaches laitières, sont exclusivement nourris avec des raves et de la paille d'avoine complétement dépouillée de son grain. Les animaux de travail reçoivent une moins forte ration de paille, et la compensation se fait par une petite ration de gland, le matin et le soir, par une ration de fourrage sec en vesce et avoine : c'est le meilleur fourrage que je connaisse pour les animaux de trait. Les vaches laitières ne reçoivent qu'une petite proportion d'un tiers à un quart de paille dans la ration fourragère composée de foin, de regain, de trèfle, luzerne et vesce : je trouve un avantage réel pour l'alimentation à mélanger les divers fourrages que je peux obtenir.

Lorsque les raves sont finies, ce qui arrive ordinairement dans la première quinzaine de janvier, la ration de paille d'avoine est diminuée de moitié, et cette part est remplacée par des fourrages mélangés comme ci-dessus, et tous les animaux reçoivent en outre une petite ration de racines ou de tubercules, soit betteraves, carottes, pommes de terre et topinambours.

Ces conditions d'alimentation, maintenues jusqu'à la fin de mars, laissent les animaux en bon état de chair et de santé.

N'ayant peuplé, dans les débuts, mon étable que d'animaux jeunes, pour les acclimater plus facilement, je ne pourrai commencer à me livrer qu'à la campagne prochaine à la fabrication du beurre; pour une petite ferme comme celle de la Bruyère, cette fabrication me paraît préférable à celle du fromage du pays.

Autant le Cantal a fait d'utiles et rapides progrès dans la race bovine, autant il est resté en retard sous le rapport de la race ovine; on ne voit encore que de petites et chétives brebis, donnant rarement un kilogramme de laine et faisant de tristes produits de boucherie : cela s'explique facilement par l'absence de tous soins donnés à ces animaux et par la construction vicieuse des bergeries, qui sont en général très-basses et on ne peut plus mal aérées ; le troupeau n'est jamais séparé du bélier, ni divisé, les agnelles précoces portent quelquefois la première année, leur développement en souffre beaucoup, et leur produit est tout ce qu'on peut imaginer de plus chétif.

Pour arriver à créer un troupeau amélioré, j'ai acheté dans l'été de 1864 quarante-cinq agnelles dans la Corrèze, où, sans être belle, la race est un peu moins dégénérée que dans le Cantal ; au mois de juillet dernier, j'ai livré ces agnelles à un bélier, beau croisement southdowns, et j'ai déjà une trentaine d'agneaux nés en janvier et commencement de février, me permettant, par leur aspect, de concevoir pour l'avenir l'espérance d'un troupeau dans de bonnes conditions.

La bergerie est construite de manière à ce qu'on puisse, en été, enlever une partie du plancher la séparant de la grange, afin que les brebis jouissent d'un grand volume d'air : des ouvertures pratiquées à tous les aspects permettent une ventilation complète.

Hors les temps de fortes pluies et de neiges, les brebis sont conduites tous les jours au pâturage, sur les chaumes et la minette ; lorsque le parcours cesse de fournir une alimentation suffisante, les brebis reçoivent, à la bergerie, de la paille de seigle, d'avoine et de sarrasin ; elles sont très-friandes de cette dernière lorsqu'elle a été bien préparée, mais il ne faut pas en abuser : pendant l'allaitement, on donne en outre aux mères une petite ration de bon foin et de betteraves.

Les agneaux ont à leur disposition, dès qu'ils peuvent en

profiter, des menues pailles, du regain et du foin menu; on leur
donne en outre, dans des augettes en planches, des betteraves,
carottes, pommes de terre et topinambours coupés en très-
petits morceaux et saupoudrés d'un peu de son, et plus tard
de grain moulu brut et une petite quantité de tourteau de
noix, lorsque je peux m'en procurer dans le pays.

Dans les débuts, l'alimentation donnée à l'agneau, en sus
du lait qu'il reçoit de la mère, constitue une dépense très-
minime et contribue assez à son développement pour que
la valeur soit presque doublée.

Une petite porcherie peuplée de sujets de la race d'Hamp-
shire me donne de bons résultats.

Cette race a une rare aptitude à l'engraissement et se
nourrit avec une grande facilité.

Pendant la plus grande partie de l'année, les porcs sont
conduits au pâturage, sur les chaumes, les vieux trèfles et
vieilles minettes. Ce parcours, combiné avec quelques dé-
bris d'herbes de jardin et une distribution soir et matin, à
la porcherie, d'eau blanchie avec une très-petite quantité de
son ou de pommes de terre cuites et bien écrasées, les main-
tient en très-bon état.

Je ne comprends pas une ferme sans une porcherie susceptible au moins d'utiliser les menus produits de chaque
jour, et qui ne peuvent guère être consommés utilement que
par les porcs.

Porcs.

RÉSULTATS.

Je m'étais, dès le début de mes essais, posé pour base
que, jusqu'à complet défrichement, et jusqu'à ce que
toute l'étendue du domaine eût été ensemencée au moins
une première fois, je n'ouvrirais qu'un compte, celui de mise

en culture ; que je le débiterais de toutes les dépenses et que je le créditerais de toutes les recettes.

La situation de l'entreprise présente, au 31 décembre 1865, les résultats suivants, pour cette période de cinq années, de 1861 et 1865.

Le produit des recettes laisse sur les dépenses, après le prélèvement de l'intérêt à 4 pour 100 des avances, un excédant de 511 francs.

Cette différence de 511 francs exprime donc, après le service des intérêts à 4 pour 100, le petit bénéfice net de l'opération, pendant la période de défrichement et de mise en culture.

Ce résultat est certainement très-modeste, mais il prend une importance sérieuse, si l'on tient compte de la plus-value acquise, en comparant la valeur initiale du terrain qui ne s'élevait pas à 100 francs par hectare, avec sa valeur actuelle que je laisse à chacun le soin d'évaluer.

Cette comparaison prouvera surtout l'avantage bien réel qu'on aurait à mettre en culture de grandes étendues de terrains analogues.

Février 1866.

ENQUÊTE AGRICOLE.

———————

De l'enquête agricole il ressortira certainement un ensemble de dépositions qui exprimeront hautement les souffrances de l'agriculture, il en ressortira également de nombreux témoignages du désir de tous d'améliorer le sort du cultivateur ; mais en ressortira-t-il les moyens efficaces de remédier aux maux qu'on aura signalés ? Là est le problème, là est le côté pratique de la question.

Pendant que les uns trouvent la principale cause des souffrances de l'agriculture dans le traité de commerce, d'autres, et ils représentent le plus grand nombre, accusent les lourdes charges de toute nature qui pèsent sur les produits du sol.

Et d'abord, en ce qui concerne le traité de commerce, s'est-on bien rendu compte que la constitution géologique du sol français, ses conditions climatériques et topographiques font varier la nature des produits dans chaque région ? ne se heurtera-t-on pas, à chaque instant, contre ce fait matériel, que tel moyen d'améliorer le sort de l'agriculture dans certaines zones aurait pour résultat certain de l'aggraver sur d'autres points ?

Le rétablissement de l'échelle mobile, qui aurait sa raison d'être et ses avantages pour les contrées qui se livrent à la culture des céréales, ne serait-elle pas funeste pour les pays qui n'en produisent pas en quantité suffisante pour leur consommation? C'est surtout en matière d'agriculture qu'il faut se défendre de toute théorie absolue; est-il un seul côté de la liberté la plus complète du commerce qui ne soit bon ou mauvais pour l'agriculture, suivant qu'il est pris en considération pour telle ou telle zone, et encore et surtout suivant qu'il est envisagé au point de vue ou du producteur ou du consommateur?

Il serait bien difficile, pour ne pas dire impossible, de peser et la somme du bien et la somme du mal, de manière à déterminer de quel côté fléchirait le plateau de la balance; cette question n'est-elle pas de la nature de celles que les théories basées sur les statistiques sont impuissantes à résoudre? Les discussions qui se sont produites à son sujet, au Corps législatif, entre les hommes les plus distingués, ne sont-elles pas venues donner la plus large mesure de cette difficulté, par les écarts énormes qui séparaient leurs appréciations? Et cependant toutes ces appréciations n'étaient-elles pas dictées par de vifs désirs d'équité et de justice? Mais ceux qui connaissent de quelle manière les statistiques agricoles se font en France, peuvent-ils de bonne foi y trouver les bases suffisantes pour une discussion sérieuse et pouvant amener la lumière?

Il me semble que, pour toutes les questions qui touchent aux idées les plus générales sur la liberté la plus complète du commerce, l'expérience pratique de plusieurs années peut seule déterminer d'une manière absolue si l'école nouvelle est bonne ou mauvaise, si elle doit être protégée ou combattue, admise ou rejetée.

Lorsqu'on se place en face de la seconde accusation, celle dirigée contre les impôts, l'embarras devient encore plus

grand, parce qu'on se trouve en présence de la question la plus complexe, la plus ardue, de l'économie politique d'une nation.

Presque tous les déposants à l'enquête agricole demandent le dégrèvement de l'impôt foncier, la réduction des droits de mutations et de successions, la suppression ou tout au moins la réduction des droits d'octroi et de l'impôt sur le sel. Puis, à côté de ces larges brèches pratiquées au budget, ils signalent avec raison le besoin urgent pour l'agriculture d'améliorations considérables dans les voies de communication et surtout dans celles de la moyenne et petite vicinalité; de la création de banques de crédit, pouvant prêter à l'agriculture de l'argent à un taux en rapport avec les revenus du sol.

Ainsi, d'un côté, réductions considérables dans le budget des recettes, et, d'autre part, charges nouvelles pour le budget des dépenses; en d'autres termes, renversement complet de tout l'équilibre financier.

Deux grands moyens ont été souvent présentés, comme étant les seuls qui pourraient amener à une diminution considérable des impôts existants : le premier consisterait dans la réduction du budget de la guerre, mais les circonstances s'y prêtent peu, dans un moment où l'Europe entière se place l'arme au bras, en prévision des conséquences que peuvent avoir les derniers traités de paix.

Le second moyen, et celui-là au moins serait de toute justice, consisterait dans la création d'un impôt nouveau, frappant la fortune mobilière et dont le produit viendrait alléger tous les impôts existants, qui, d'une manière directe ou indirecte, pèsent sur les produits du sol.

N'est-il pas anormal que celui qui, en France, possède des revenus considérables par sa fortune mobilière contribue pour si peu au budget des recettes, alors qu'il prend une si large part au budget des dépenses, pendant que le propriétaire foncier paie des impôts énormes pour une propriété souvent grevée d'une large part de sa valeur?

Et peut-on méconnaître que c'est surtout l'engouement des valeurs mobilières promettant les moyens de faire rapidement fortune qui a détourné de l'agriculture les capitaux dont elle avait besoin? Le prêt hypothécaire, autrefois ressource certaine pour le propriétaire, devient de plus en plus rare et difficile.

On a toujours objecté contre la création de cet impôt mobilier la difficulté d'atteindre la valeur mobilière et le danger de compromettre le crédit public; mais danger et difficulté sont-ils des raisons suffisantes pour reculer devant un acte de justice et de réparation, surtout quand il s'agit de l'intérêt le plus vital de la France? Et puis, la fortune mobilière est si considérable en France que, ne parvînt-on à en atteindre qu'une part, l'impôt qui en résulterait serait encore un allégement important pour les impôts qui existent.

Mais, la plus grande difficulté de l'impôt mobilier ne résiderait-elle pas surtout dans ce fait, que ceux qui ont à apprécier son opportunité ont un intérêt trop direct dans la question?

Et l'agriculture n'a-t-elle pas le droit de peser de tout le poids de ses souffrances, de tout le poids des services qu'elle rend à toutes les classes de la société, pour obtenir au moins un essai de cet impôt mobilier, comme étant le seul pouvant apporter une réduction sérieuse dans les impôts qui la frappent?

A côté de ces grandes questions, liberté du commerce, réduction de l'armée, modifications dans l'assiette générale des impôts, création de banques de crédit agricole, à travers lesquelles la lumière mettra, peut-être, beaucoup de temps à se produire, se placent pour l'agriculture d'autres causes de souffrance, sur lesquelles tous les hommes qui se livrent à la vie des champs sont en parfait accord.

Il est incontestable et incontesté que l'argent, les bras et les moyens de viabilité manquent à l'agriculture.

L'argent manque, parce que les capitaux se sont laissé séduire par l'appât souvent trompeur des valeurs mobilières et que rien n'a été fait pour entraver cette tendance qu'on a qualifiée de drainage des capitaux.

Les bras font défaut, parce que les ouvriers désertent les campagnes pour aller aux grands travaux publics, ou à ceux provoqués par le développement gigantesque des embellissements dans les grands centres; de cette désertion est résultée une élévation de prix dans les salaires, anormale par rapport à la valeur des produits du sol.

Ramener ces deux leviers indispensables à l'agriculture, l'argent et les bras, nous semble le besoin le plus urgent à satisfaire; mais si le mal est facile à signaler, le remède est difficile à réaliser, et il appartient surtout à l'État, avec les moyens puissants dont il dispose, de provoquer une réaction favorable aux campagnes.

On ne peut, on ne doit demander une réduction dans les grands travaux publics, parce qu'ils répondent au besoin de la plus grande prospérité générale du pays, mais l'agriculture n'est-elle pas fondée à demander une réduction considérable dans les travaux des embellissements des villes, qui lui enlèvent un si grand nombre de bras, et il est surtout à remarquer que ce sont particulièrement les ouvriers qui ont vécu un certain temps dans les grands centres qui ne veulent plus revenir aux travaux des champs.

Les dépenses provoquées par le besoin du bien-être et du

luxe éprouvé par toutes les classes de la société, grandissant chaque jour, les capitaux ne reviendront à l'agriculture que lorsqu'elle donnera des résultats essentiellement rémunérateurs.

L'émigration est parfois une dure nécessité, elle a presque toujours sa raison d'être, et lorsqu'elle est entrée dans les mœurs d'une population, elle est aussi longue que difficile à combattre. Les classes ouvrières ne resteront dans les campagnes que lorsqu'elles y trouveront une compensation au bien-être et aux plaisirs qu'elles rencontrent dans les grands centres.

Un moyen qui pourrait, à mon avis, réduire le nombre des émigrants, consisterait dans l'aliénation des biens communaux et à la condition d'affecter une large part du produit de leur vente à l'amélioration des chemins dans les communes. Il en résulterait deux faits essentiels : le premier, celui d'augmenter le nombre des petits propriétaires dans les campagnes ; le second, celui de créer, pendant plusieurs années, un élément de travail pour l'hiver, et qu'on ne s'y trompe pas, c'est surtout le chômage pendant les mois rigoureux qui est une des causes principales d'émigration. Il en résulterait encore ce fait, que le moins aisé qui aurait acquis son lot de communaux pourrait le payer par les fruits de son travail, tout en travaillant pour lui-même, puisqu'il aurait son intérêt direct dans toute amélioration apportée au bien-être général de la commune.

Le prestige, en France, a toujours joué et jouera toujours un grand rôle. S'est-on suffisamment attaché à entourer l'agriculture du prestige dont elle devrait jouir ?

L'organisation de l'assistance publique et des sociétés de secours mutuel ne fait-elle pas presque complétement défaut dans les communes rurales, alors qu'elle est si complé-

tement et si largement établie dans les grands centres ?
Il faut pénétrer au cœur des campagnes pour savoir quelle
peut être la misère d'une famille, alors que son chef a
éprouvé un chômage de travail pendant quelques mois, par
suite de maladie.

L'enseignement primaire ne devrait-il pas aussi et surtout
faire une large part aux notions et travaux agricoles ? Les
enfants des campagnes, après avoir fréquenté l'école jusqu'à l'âge de quinze à seize ans, considèrent en général, le
travail de la terre comme indigne d'eux ; leurs forces musculaires n'ayant pas été développées par aucun travail ma-
nuel régulier, les travaux des champs leur inspirent de la
répulsion, parce qu'ils leur sont trop pénibles. Dans les ly-
cées, fréquentés en général par les enfants des classes aisées
ou riches, on a compris et reconnu la nécessité du développement des forces physiques par des exercices gymnas-
tiques, et dans ce même ordre d'idées, rien n'a été fait dans
les campagnes, alors que l'enfant du peuple peut surtout
trouver des éléments de prospérité et de bien-être, dans ses
forces musculaires et son aptitude aux travaux pénibles.

Tout ce qui est l'objet d'un enseignement prend un certain prestige dans l'imagination de l'enfance, et si pendant
la période de cinq à six ans passée à l'école primaire, les
enfants recevaient les leçons même les plus élémentaires
sur l'agriculture, ils vivraient de cette pensée que, fils de
laboureurs, ils pourront, grâce à leur instruction, avoir intérêt à devenir à leur tour laboureurs, en faisant mieux que ne
faisaient leurs pères.

Dans beaucoup de pays, dans les montagnes au moins et
qui sont les contrées les plus arriérées pour les progrès agricoles, il existe des étendues considérables de terrains communaux ; pourquoi ne pas en attribuer une faible part à l'é-

cole primaire, afin que les élèves pussent, pendant au moins deux heures par jour, prendre un exercice salutaire à leur santé et à leur développement physique, en se livrant, chacun suivant les forces de son âge, aux différents travaux agricoles? Ce serait certainement le moyen le plus sûr de combattre la routine dont on accuse souvent, à juste titre, les agriculteurs, et ces exercices physiques n'auraient-ils pas pour résultat de faire arriver au contingent militaire des jeunes gens plus forts et plus robustes ?

Que faudrait-il pour réaliser cet enseignement? Doter, une première fois, chaque école primaire d'un cours élémentaire d'agriculture pratique, d'un petit outillage et d'une faible provision de grains et d'engrais; le tout constituant une faible dépense pour la commune, et lorsque les travaux du petit domaine de l'école primaire exigeraient des animaux, les pères de famille seraient heureux de les fournir et de venir à leur tour être les professeurs de leurs enfants. Les produits du petit domaine devraient être exclusivement affectés à l'acquisition des engrais et amendements et à l'entretien du petit matériel nécessaire à l'exploitation, et le surplus devrait être distribué en prix accordés aux meilleurs élèves.

Il n'est pas un homme dans les campagnes, ami de l'agriculture, qui ne voulût aider, protéger et encourager cette petite école pratique, et, ce secours aidant, chaque commune posséderait dans quelques années une page où chacun pourrait venir lire les avantages d'une culture raisonnée.

Ce rapprochement entre les travaux de chaque jour, de l'habitant des campagnes et les études des enfants, n'aurait-il pas pour résultat de resserrer les liens de famille qui se détendent de plus en plus? Et cette plaie n'est-elle pas une des plus saignantes de notre époque?

Les fêtes agricoles ont pour les habitants des campagnes un attrait inépuisable.

La création des grands concours régionaux a-t-elle produit les résultats qu'on pouvait en espérer? Il est permis d'en douter, cela se conçoit et s'explique par les conditions de la grande division du territoire français. C'est surtout dans les résultats obtenus par la moyenne et petite culture qu'il faut chercher le bien-être des populations rurales et la plus grande somme de production aux meilleures conditions.

La grande prime d'honneur, comme les médailles de spécialité qui se distribuent seulement une fois par département dans une période de sept années, n'ont pu être convoitées jusqu'à ce jour que par les grands propriétaires pouvant faire de larges sacrifices.

Les améliorations obtenues par les propriétés primées sont restées généralement sans éloquence pour la moyenne et petite culture : 1° parce que ces améliorations n'ont été connues par les moyens et petits propriétaires que dans un rayon très-restreint ; 2° parce qu'elles ont eu presque toujours, mais bien souvent à tort, la réputation d'avoir coûté plus qu'elles n'ont produit.

Pour qu'une amélioration soit appréciée et prise au sérieux par un agriculteur, il faut qu'elle soit obtenue sous ses yeux, par son égal et par les moyens qu'il peut employer lui-même : il faut bien tenir compte des préjugés dans les campagnes, si l'on veut combattre la routine et arriver à la vaincre.

Si cela est vrai, les sommes assez considérables affectées chaque année aux grands concours régionaux, ne seraient-elles pas plus utilement employées à des concours d'arrondissement dans lesquels la propriété, dans tous les degrés de l'échelle, pourrait arriver en lutte et trouver la récompense de ses efforts intelligents?

La première condition de ces concours devrait être, à notre avis, d'avoir pour but principal d'indiquer aux propriétaires, dans chaque région, l'ordre des progrès auxquels ils doivent particulièrement s'attacher; les encouragements devraient donc être des primes de spécialité devant être déterminées par l'autorité préfectorale, sur les propositions des sociétés d'agriculture et des comices agricoles parfaitement éclairés sur les meilleures améliorations à provoquer.

Les spécialités des primes auraient ce grand avantage de ne fixer l'attention des agriculteurs que sur les cultures qui pourraient, par rapport au sol qu'ils cultivent, donner des résultats rémunérateurs : ainsi dans le Cantal, ou tout au moins dans sa plus grande étendue, elles devraient avoir pour but d'encourager la culture des plantes et des racines fourragères, de récompenser la plus grande production des fumiers et leur meilleur emploi, le meilleur mode de construction et de tenue des étables, puisque toute la prospérité agricole du pays repose sur la production du laitage et l'élève du bétail.

Si l'on se rend compte des résultats obtenus par la création de concours dans l'arrondissement de Mauriac, pour l'amélioration de la race bovine de Salers, on comprendra les services que pourrait rendre dans le même arrondissement la création de concours pour l'amélioration agricole.

Il ne suffit pas de répéter aux propriétaires ce qu'on leur a dit si souvent pendant ces derniers temps : la *culture du blé ne vous produit rien, faites autre chose.* Il faut leur indiquer quelle autre chose ils doivent faire, il faut encore les guider et les encourager, parce que les grandes voies de transport doivent modifier sur beaucoup de points les conditions de culture ; et si l'on ne veut pas admettre que l'éducation agricole est encore à faire dans certains cantons, on se trompe considérablement.

Les écoles d'agriculture que possède la France fournissent des sujets qui rendent des services sérieux à la grande propriété, mais la moyenne et la petite culture peuvent-elles faire appel à leur concours? Évidemment non.

Les inspecteurs généraux, chez lesquels le savoir égale le dévouement aux intérêts agricoles, sont-ils en nombre suffisant? Peut-on admettre qu'un homme, quel que soit son mérite, puisse à lui seul imprimer une impulsion suffisante à l'ensemble de quatorze départements?

Au-dessous de cet enseignement supérieur, n'y aurait-il pas la place utile d'un enseignement secondaire, plus pratique et surtout plus répandu, afin que la propriété au plus petit degré de l'échelle pût en profiter?

La France, pour son génie militaire, n'a rien à envier à aucune nation du monde; son génie industriel a fait depuis vingt ans des pas de géant : c'est parce que ses écoles Polytechnique, de Saint-Cyr, des Ponts et Chaussées, des Mines, des Arts et Manufactures sont les premières écoles du monde, et qu'elles fournissent chaque année des hommes spéciaux qui étudient toutes les idées de progrès, les développent et les rendent pratiques, pour en doter l'armée et l'industrie. C'est encore parce que tous les services rendus au drapeau de la France, comme au mouvement industriel, sont suivis de larges et honorables récompenses.

Les écoles pour l'agriculture, les encouragements, les récompenses dont elle doit être l'objet, peuvent être beaucoup plus modestes, mais on pourrait peut-être leur devoir un jour de réaliser aussi une grande France agricole.

Septembre 1866.

FIN.